奥田イズムがトヨタを変えた

日本経済新聞社＝編

日経ビジネス人文庫

奥田碩　語録から

「十歳若かったら、喜んで（社長を）やった」（一九九五年八月、社長交代会見で）

「これからのトヨタは何も変えないことが最も悪いことだと思って欲しい」（一九九五年八月、社内の所信表明で）

「社内を走り回って上にも下にも横にも、相談しないと何も決まらないのがトヨタの現状だ」（一九九六年一月、インタビューで）

「トヨタが変われば日本が変わるという意識もあるし、渋滞するつもりもない。政治の混乱や規制緩和の進み具合がどうであれ、経営としてやるべきことはやる」（一九九六年四月、インタビューで）

「社内的にいうと、自由に意見が言える雰囲気になった」（一九九六年十一月、記者会見で）

「安穏としていては、常にスピードが要求される国際競争を勝ち抜けない」(一九九七年一月、インタビューで)

「『ここは日本だから』という言葉を使った時点で、もうできないということと同じ。グローバルスタンダードを目指そうとする改革を放棄したことになる」(一九九八年一月、インタビューで)

「時代が変われば、今までの強さが弱さになる。社内でも『トヨタが永遠に大丈夫だなんて考えるな』と言っている。企業カルチャーは絶えず変わっていくべきだ」(一九九八年五月、インタビューで)

「構造改革と言って血を流したのは製造業だけだった。ゼネコンやサービス業、銀行なんかはリストラに手をつけてこなかった。豪勢な本店を売るわけでもないし、人も減らさない」(一九九八年七月、インタビューで)

「終身雇用は日本の企業がみんな持っている制度で、なぜトヨタだけが(格付け引き下げの理由として）言われるのか、正直言って驚いた。ただし、個人的には終身雇用がいつまでも続かない時代が来つつあるのは確かとも思う」（一九九八年十一月、講演会で）

「優勝劣敗は情実という話より経済合理性が大きな要因となる。合理性に根差した企業運営が必要で、外部もそう評するはずだ」（一九九八年十二月、記者会見で）

「二十一世紀は二十世紀の延長線上では決して語ることのできない時代になる。トヨタグループとして欧米メーカーの大連合に伍していく最終準備期間と認識し、構造改革に取り組む構えだ」（一九九九年一月、年頭あいさつで）

「豊田家といってもたまたま社長が続いただけで、株だって二％ぐらいしかない。豊田家というのがものを言うのか、それともシステムで動いていった方が良いのか、その辺りは決めていかなければならない」（一九九九年一月、インタビューで）

「グローバルスタンダードなどというおかしな言葉に振り回されてすべてを他国と一緒にしてしまっては国際競争に勝てない」（一九九九年八月、日経連セミナーで）

「バブルの最も重大な後遺症は企業経営者の精神的な荒廃であるのかもしれない。自分の会社の利益、株主の利益しか考えず、従業員の幸せや企業の社会的責任、幅広い関係者との調和、あるいは経済や国全体の利益を考えないトップは『経営者』と呼ぶに値しない、『経営屋』にすぎない」（二〇〇〇年八月、日経連セミナーで）

「最近、日本人の心の中から執着心や忍耐力、こだわりが失われている。日本の製造業が名をなしてきた換骨（奪胎）の世界というのは、（口には出さないで伝わる）暗黙知の世界。ＩＴ（情報技術）化が進めば暗黙知が形式知に置き換わっていくが、暗黙知は依然必要だ」（二〇〇〇年十二月のインタビューで）

「一人ひとりが起業家、経営者の視点に立ち、『打倒トヨタ』の発想で改革に着手してほしい。最大の敵は内なる慢心。変革のチャンス、ニーズを見逃すな」（二〇〇一年一月、年初恒例の辞令交付式で）

「銀行は確かに製造業に比べるとリストラの仕方が甘い」（二〇〇一年七月の会見で）

「私が首相になったら、まず大臣の辞表を預かる。大臣は次官の、次官は局長の辞表を預

かって（改革を）やればいい」（二〇〇三年三月十六日、東京・世田谷のタウンミーティングで）

「（日本の自動車メーカーとして八月のシェアが世界三位に浮上したことは）偶然に過ぎない」（二〇〇三年九月、米ワシントンでの講演で）

「年金をこれ以上、あいまいなまま棚上げしておくことは許されない」（二〇〇三年十一月二十日、都内の講演で。）

「（労組は）まだ春闘という言葉を使うのか」（二〇〇四年一月十四日の日本経団連会長の会見で）

「牛丼がなくても死ぬわけではない。日本人は右から左へ早くふれやすい単純な国民だと感じた」（二〇〇四年二月十二日、愛知県での記者会見で）

まえがき

ますます強くなるトヨタ自動車――。一年間の連結経常利益が一兆六〇〇〇億円とキリンビールやリコーの売上高に迫り、自動車の販売台数はフォードを抜いて世界第二位に躍り出た。その効率経営やものづくりの手法は日本じゅうの企業のお手本になり、中部国際空港や日本郵政公社など公的機関にまで人材を派遣して経営を抜本的に改革している。いまや「国ごと運営をトヨタに任せたら」とさえ言われるほどだ。

だが、十年近く前の一九九五年ごろ、トヨタの経営は危機に瀕していた。海外展開ではライバルメーカーに後れをとり、国内でもシェアが四〇%を下回り、長期的な低落傾向に歯止めがかからない。「大企業病」の兆候さえ表れていた。

そこへ、病に倒れた豊田達郎社長のリリーフ投手として登板したのが、当時六十二歳の奥田碩《ひろし》である。身長約百八十センチの巨漢。ぬーぼーとした風貌からは想像できないような、核心を突いた指摘が次々に口をついて出てくる。旧トヨタ自販出身で、一時はフィリピンの販売会社で不遇をかこったこともあった。トヨタ社長として表舞台に登場するや、その歯に衣着せぬ発言や実務面での大胆な行動力で、瞬く間にマスコミの寵児となった。日本を代表する経営者として、そして発足した日本経済団体連合会（日本経団連）の初代会長として、内外から注目を浴び続けている。

「十歳若かったら喜んで社長をやった」「何も変えないことが最も悪い」……。奥田の数々の発言は日本の経営者たちに新鮮な刺激を与え続けている。長引く不況に疲れ、グローバルスタンダードを突き付けられてすっかり自信をなくしてしまった日本企業に、勇気と希望を与えた。

国内トップメーカーであり、「さして頑張らなくても食べていける」といったそれまでの保守的な社内の空気に奥田はカツを入れた。つねに挑戦者としてフロンティアに挑み続ける〝攻め〟の社風をつくり出すことが、奥田流経営改革の本質だったといってよい。

国内ではシェア四〇％回復の目標を掲げ、「ヴィッツ」をはじめとする若者をターゲットにした新型車を相次いで投入した。開発では、世界初の量産型ハイブリッド車「プリウス」に象徴される環境への取り組みで他社を圧倒した。海外事業では北米や中国・アジア、欧州のマーケットへち密な攻略を進め、グループ経営ではダイハツ工業と日野自動車の子会社化を断行した。わずか四年足らずの任期中に奥田が成し遂げた改革は数多い。

「あのとき奥田さんが社長になっていなかったら、いまのトヨタはない」。多くの社員がはばかることなくそう断言するように、奥田はトヨタの変革を象徴してきた。

米国フォードモーター傘下で再建を進めるマツダ、ダイムラー・クライスラーの支援を受けながらもなお再建途上の三菱自動車工業、そして仏ルノーの資本参加をテコにめざましい復活を遂げた日産自動車。かつて日の出の勢いだった日本の自動車メーカーが相次いで世界的な自動車再編の渦に巻き込まれるなかで、なぜトヨタは単独で強者として勝ち残り得たのか。日本経済が「失われた十年」を過ごしたなかで、トヨタはなぜ「飛躍の十年」を実現できたのか。

本書は一九九五年から九九年にかけて奥田が社長を務めた千四百日の軌跡を密着取材でたどり、日本経済新聞や日経産業新聞での連載をまとめて単行本として出版したものである。日経連（当時）会長に就任した奥田は九九年六月、後任社長に張富士夫を指名して自らは会長となった。その後五年がたった今読み返してみても、トヨタの経営改革の原点が奥田の四年間にあったことに気付く。トヨタの強さを理解するうえで、改革の出発点をもう一度検証してみることは有意義であろう。

今回、「日経ビジネス人文庫」として再出版するにあたり、終章で「進化する奥田イズム」を加え、直近のトヨタの状況を紹介した。張社長のもとで奥田の敷いたレールがどのように引き継がれ、実りをもたらしているかをたどった。

本書の中のデータや肩書きは原則、当時のままとした。なお、文中、奥田碩氏の敬称は略した。

二〇〇四年四月

日本経済新聞社

奥田イズムがトヨタを変えた

目　次

序章　「奥田トヨタ」の千四百日　21

第1章 生き残りかけた新しい経営の模索 67

第2章 「資本の論理」映すグループ戦略 107

第5章 世界を相手にあくなき挑戦

序章

「奥田トヨタ」の千四百日

1 社長就任

初の非豊田家出身社長

一九九五年八月二十五日、「高血圧症」で二月に倒れその後の病状回復が思わしくなかった豊田達郎社長に代わって、副社長の奥田碩が社長に昇格した。最終的な決断は、達郎氏の実兄で経団連会長の豊田章一郎会長が下した。八二年のトヨタ自動車工業とトヨタ自動車販売の合併以来、豊田家以外から社長が出るのは初めてのことだった。

「トヨタは豊田家の世襲企業ではない」。豊田英二名誉会長と章一郎氏は常々口をそろえてきた。しかし、英二氏は「同族経営でも、人物に能力があれば悪いばかりではない」とも言う。結束の固い豊田家としては、達郎氏が倒れて半年間、苦悩の日々が続いたことは想像に難くない。

達郎氏が社長として二期四年の任期を全うできる九六年六月まではともかく務め、その後奥田に禅譲というシナリオも当初は考えられた。だが、国内販売シェアが低下し、危機感の強まったトヨタでは、社長不在がこれ以上続くことによる求心力の低下を放置できなかった。章一郎氏が達郎氏から社長退任の申し出を受けた形で、肉親の情を断ち切り、後継指名に踏み切った。危機に敏感なトヨタ流のリスク管理と言える。

図表１●トヨタの歴代社長

＜トヨタ自動車工業＞		
	1937年８月～	豊田利三郎
	41年１月～	豊田喜一郎
	50年７月～	石田　退三
	61年８月～	中川不器男
	67年10月～	豊田　英二
＜トヨタ自動車販売＞		
	50年４月～	神谷正太郎
	75年12月～	加藤　誠之
	79年６月～	山本　定蔵
	81年６月～	豊田章一郎
＜トヨタ自動車＞		
	82年７月～	豊田章一郎
	92年９月～	豊田　達郎
	95年８月～	奥田　　碩
	99年６月～	張　富士夫

（注）トヨタ自動車工業は1950年に工販分離、82年に再び合併した。

辣腕家としての素顔

奥田は旧トヨタ自販の出身。九四年五月の章一郎氏の経団連会長就任以来、経団連会長職を補佐しながら章一郎氏の信任を集めてきた。明るい人柄で、「口が堅く無愛想なトヨタマン」のなかでは例外的な存在。いわゆるトヨタ臭さを感じさせない。だが、これは表の顔。実際は「強いトヨタ」を率いる辣腕《らつわん》の持ち主であり、慎重な戦略家という素顔を持っている。

「内向きなトヨタ」の変化を唱える章一郎氏を支えてきた奥田だが、非トヨタマン的でありながら、ある意味では彼ほどトヨタイズムを体現し、継承している人物はいない。「競争と協調と言うけれど、企業は赤字を出したらおしまい」と、優勝劣敗の競争原理を強く訴えてきた。

北米事業準備室副室長として米国ケンタッキー工場の用地選定にかかわった経緯から、海外事業にも明るい。「米国工場建設の際は、社内の批判も押し切る覚悟でプロジェクトをまとめた。いまのトヨタには迫力がない」と社内批判もいとわない硬骨漢。国内販売のシェアが低下していることについて「台数が出なければ利益は出ない。いまは苦しいが、これを乗り切ればトヨタは生き残れる」とハッパをかけてきた。

九五年六月末に合意した日米自動車協議の陰にも、「奥田あり」と言われた。社内では通産省の意向に配慮して、「WTO（世界貿易機関）での決着」を唱える声もあった。しかし、奥田は一貫して「トヨタは赤字になっても、通産は赤字にならんぞ」と主張。ジュネーブでの次官級協議の行方を見守りながら、最後は章一郎氏を引っ張り出してモンデール駐日大使と電光石火の会談に持ち込み、制裁回避のシナリオを描いたとされる。合議制を原則とするトヨタゆえ、もちろん奥田の力だけではないが、米国ゼネラル・モーターズ（GM）に影響力のある人物を親友に持ち、米国政府も「トヨタと話をつけるためにミスター・オクダと会いたい」としきりにサインを送っていた。〝清濁あわせ呑む〟対外交渉力は、トヨタ随一と言える。

それでいて、九二年の社長レースの時は、表向きは一切顔を出さず、むしろライバルの磯村巌専務（当時）の方が目立った。能弁でも決して手の内を見せない。人望で社内の求心力を集めるタイプというより、「辣腕家」の表現がふさわしい。

「トヨタの社長はずぶとくなければやっていけない。その点、奥田君は大丈夫。日米交渉でもいろいろ活躍していた。章一郎君が新社長の相談に来たときも、『よく人を見ている』と思ったよ」——英二氏もその実力を認める発言をしている。

背負わされた「重い荷物」

しかし、奥田の背負ったものは大きい。国内だけで七万人もの従業員を抱える巨大組織・トヨタを引っ張るには、「豊田家でなければ無理」というのが、もともと奥田の持論だった。トヨタという〝特殊な自動車〟を乗りこなすには、ミコシに乗るのが巧みな人物でなければ難しいとも言われる。

トヨタ幹部には豊田姓でなくても、創業以来の経緯で豊田家と縁の深い人物が多い。血縁のない奥田は、随所随所でトヨタの経営システムそのものを覆さねばならない可能性も出てくる。五チャネル販売制が制度疲労を起こし、国内シェアが低下した現実は、トヨタが定着させた大量生産・大量販売方式が行き詰まったという側面もある。海外増産を進めるトヨタだが、「トヨタの海外法人は日本人以外では運営できない。経営システムが国際的に普遍化していない証拠」（トヨタ出身の鈴木弘然フォード日本社長、当時）との指摘もあった。

英二、章一郎という豊田家の金看板を後ろ盾とする奥田がどこまでトヨタ的システムを国際化時代に沿ったものにカイゼンできるか。奥田が単にミコシに乗るだけであれば、「将来の豊田家」へのつなぎでしかなくなる恐れも十分あった。

＊　＊　＊　＊

【社長交代会見の一問一答】（九五年八月、名古屋市で）

――いつ豊田達郎社長から交代の話が出たのか。

豊田章一郎氏　「数日前に（達郎）社長から後進に譲りたいと聞き、英二名誉会長、岩崎正視副会長（当時）と相談して決めた」

――奥田氏に伝えたのはいつか。

章一郎氏　「数日前だ」

――社長が奥田氏を指名したのか。

章一郎氏　「そうだ。海外、国内営業、経理、購買など奥田君の幅広い経験とバイタリティーから、これからのトヨタに最適だからだ」

――達郎社長の復帰はいつか。

章一郎氏　「医者に聞いている限りそんなに遠くないだろう」

――達郎社長が復帰した後の役割は。

章一郎氏 「当社は忙しいから分担する。副社長以上（の役割分担）は臨機応変にやる」

――最近のシェアダウンは社長不在の影響か。

章一郎氏 直接関係はないと思う。

――指名を受けた心境は。

奥田氏 「正直驚いた。この歳で引き受けるのは精神的、身体的にも厳しいが、トヨタ、グループ、日本のためになるなら精一杯やりたい」

――今後の課題は。

奥田氏 「商品企画の遅れや国内販売でのシェアダウンに加え、海外進出もテンポが遅いなど、トヨタとしても大きな岐路に立っている。力を入れたい」

――社長（達郎氏）には会ったのか。

奥田氏 「先週の後半に『しっかりやってくれ』と言われた」

――豊田家以外で社長に就任することについては。

奥田氏 「特にないが、豊田家は尊重したい。ただし、人事は公平にやりたい」

――最近、製販がかみ合っていないが、豊田家以外の社長としてどう進めるのか。

奥田氏 「自分は販売（旧トヨタ自動車販売）出身だが、工場も経験したし、合併後は購買、現場を見てきた。製造、技術、販売の三つのインテグレーション（統合）を図りたい」

＊　＊　＊　＊　＊

若く攻撃的なトヨタに──「変えないことが最も悪い」

奥田の就任以来、トヨタの社内や販売店では、沈滞したムードに少しずつ変化が生じ、攻勢に転じる機運が高まってきた。「奥田トヨタ」が発進してから約一カ月の間に、徐々にアクセルを踏み込んでいった姿を、奥田の発言から追い掛けてみる。

＊　＊　＊　＊　＊

──九五年八月二十五日、取締役会で正式に社長に就任。午後には本社で各部の代表者を集め、所信表明した。

「トヨタを取り巻く情勢は非常に厳しい。この一、二年の対応次第で、二十一世紀にも成長・発展を約束された企業となるか、あるいは二十世紀に繁栄した過去の企業に終わるのか、重大な分岐点に立っている」

「これからのトヨタは何も変えないことが最も悪いことだと思ってほしい。トライ・アンド・エラーで構わない。果敢に挑戦した事実に対し、正当な評価をしていきたい。皆さんが思い切ってトライできるよう、経営資源の投入や権限の問題について大胆に見直したい」

──八月二十九日。豊田自動織機製作所・高浜工場（愛知県高浜市）でのフォークリフト生産累計百万台を記念した式典に出席。社長になって初の記者会見。

「(十日の内定会見では)重責をひしひし感じると言ったが、実際に就任してみると、それどころではなく非常に重たい。(長期的なキャッチフレーズや経営方針は)もう少し余裕ができたら考えていく。とにかく前向きに積極的に進みたい」

――八月三十日。東京で官公庁などを回り就任挨拶。橋本龍太郎通産相(当時)とも面会。

「日米自動車協議合意の立役者のようにトヨタが振る舞っている、と言われるのは誤解がある。日米の企業同士で話をするルートを常日ごろ確保しておけば、貿易摩擦の激化を防ぐ効果があると言いたいだけ。官には官の役割があるから、民間外交ですべてが解決するとまでは思っていない」

「通産相も協議がいかに大変だったかという経緯とともに、トヨタが良いタイミングで自主経営計画を発表してくれたとおっしゃってくれた。豊田章一郎会長がモンデール駐日米国大使と会った事実はあるが、政府間交渉の主体はあくまで通産省であって、トヨタが(交渉決着の)決め手になったかどうかはわからん」

――八月三十一日、東京都内のホテルで新型「クラウン」の発表会。夕方には新幹線「のぞみ」で豊田市へ。

「数年前からトヨタ・ルネサンスは起きている。そういうなかで、このクラウンは生まれてきた。オールドではなく、ヤングでアグレッシブ（攻撃的）なトヨタにしたい」

「為替が現行の（円安）水準なら、多少の増益にはなるが、空洞化対策を考えれば、国内でもっと売りたい。商品は充実してきたから、国内販売二百十七万台（九五年計画）は達成したいし、せねばならない。販売促進資金を後半に大量に投入する」

——九月一日、名古屋市内で「全国トヨタ販売店代表者会議」を開く。トヨタ系ディーラー約四百人にお披露目。

「年末までの四カ月間で最低七十万台の国内販売を達成したい。七十万台では年間で二百十七万台の販売計画に届かないというが、これは最低線だ。プラスアルファを求めていく。二百十七万台の旗はまだ降ろさない」

「シェアは大事。四〇％を割るか割らないかでは、天と地の差がある。四〇％の必然性を問われれば、単なる象徴的な数字かもしれない。しかし、経営には明確な旗が必要だ。いったん目標を掲げれば、それを完遂すること。青写真を描くだけで満足していては、会社はだんだん弱くなる」

——九月八日、トヨタ全米ディーラー大会（サンフランシスコ）出席のため、いったん上京し成田から出発。翌日、現地で豊田章一郎会長が「北米第四工場でピックアップトラックのT100（タンドラ）を現地生産する」と発表。

「T100の現地生産は中型トラックという新しい市場を狙ったものだ。（章一郎）会長は前から、米国メーカーの牙城に入り込まないで需要を創出せよ、と言っていた。ビッグスリーが反発することはないだろう」

「日米協議で（制裁対象として）話題にのぼった高級乗用車を北米で現地生産する考えはない。高級車は、やはり田原工場や堤工場など国内に留め置きたい」

「（北米現地生産拡大に伴う空洞化問題に対し）国内雇用の維持には正直、危機感がある。しかし、トヨタという会社は資産を吐き出しても雇用を守る会社だ。欧米企業とは違う。人（の問題）はソフトランディングしかない。痛みを覚悟で聖域に手を付けたら、私は一カ月で社長を辞める。金融業界にしても、経営者が責任をとらないからおかしなことになる」

――九月十一日、米国から夜、名古屋に帰る。当面、豊田市の本社で社業に専念。

「就任三週間では何もわからんが、トヨタの社長はセレモニーが本当に多い。結局、（社長業をこなしていくには）権限を委譲していくということになるだろう。若い人にどんどんやらさなきゃ駄目だ。任せればいいんだ」

「社長内定の時に、十歳若ければと発言したことに対し、随分いろいろな人から反響があった。息子からも『どういう意味で言ったんだ』と聞かれた。若くなきゃ体力が持たないということだ。交渉でも相手が若けりゃ体力負けしてしまう。次の人（社長）は若くなきゃ。五十歳代じゃなきゃいかん」

「だけど組織は難しさもある。一般論としては実力主義がいいけれど、就任三週間でその結論を出したら暴挙だろう」

＊　＊　＊　＊　＊

奥田は、豊田家との関係について「もともとトヨタは、トップが豊田家だということを、社員が特別意識していない民主的な社風。非豊田家の社長になったからといって、会社がドラスチックに変わることはない」と慎重な発言を繰り返した。

しかし、ある古参の大手ディーラー社長は「奥田さんの就任は本当にいいタイミングだった。営業マンが夜討ち朝駆けで値引きに走り回る旧態依然とした販売の意識を払拭してくれるのでは……」と期待を述べていた。トヨタ周辺や社内でも「奥田トヨタ」に変化を期待する声は多く、奥田の次の一手に、内外の視線が当然のように集まった。

2　磊落と冷静さで〝巨人〟変革に挑む

シェアへのこだわり

暮れも押し詰まった一九九五年十二月二十六日、東京・池袋の新型スターレット発表会に出席した奥田はふっくらとして見えた。「社長業は見るとやるとでは大違い。気疲れするね」。こう語りながらも、重圧のなかで体重は増え、すでに貫録めいたものが漂う。

図表２●奥田トヨタの４年間

1995年８月	奥田社長就任。
９月	ダイハツへの出資比率を33%に。
12月	米インディアナ工場建設発表（98年12月稼働）。
96年１月	「2005年ビジョン」策定。
３月	1000億円の自社株消却を実施。
５月	米ウエストバージニア工場（エンジン生産）の建設決定（98年12月稼働）。
97年１月	96年の国内新車販売シェアが14年ぶりに40%を割り込む。 「エコプロジェクト」開始。営業本部制導入。 社有ヘリコプターが愛知県東部に墜落事故、８人死亡。
２月	アイシン精機で工場火災、影響で一部生産ラインが停止。
６月	ゼンリン株５%取得。
７月	ヴァーチャルベンチャーカンパニー（ＶＶＣ）設立。 朝日航洋を買収。
８月	ストックオプション導入。
９月	ユーエスケー（現トヨタウッドユーホーム）を傘下に。 日野自動車の出資比率を20.1%に引き上げ。
11月	テレウェイ、ＫＤＤと合併合意。
12月	2001年からフランスで小型車生産を発表。 持ち株会社構想を表明。 ハイブリッド車「プリウス」発表。
98年８月	ダイハツを子会社化。
９月	千代田火災を傘下に。
10月	金融持ち株会社構想を表明。
99年１月	奥田社長、日経連会長の就任内定、トヨタ自動車社長の退任を表明。 小型乗用車「ヴィッツ」を発表。
４月	奥田会長、張富士夫社長の新体制を発表。
６月	奥田会長、張社長体制発足。

社長昇格以来、奥田は登録車の国内販売シェア四〇%奪回に向けて、全国のディーラーとの会合の度に、「商品力が不足している」とメーカーの非を率直に認めてきた。地方の名士が多いディーラー経営者は奥田の姿勢を好感し、売りに走った。

トヨタ社員による社内販売や値引き販売が指摘され、奥田の商法は他社には「力任せ」とも映った。しかし、トヨタ系有力ディーラーの社長は「九五年下期は量をさばいた分、収益が良くなった」と証言する。沈滞ムードが濃かった販売の前線に、奥田のショック療法が浸透しつつあった。

奥田がシェアにこだわったのは、計算があってのこと。トヨタの九六年国内販売計画は二百十八万台、前年比六%増。最大手として毎年強気の数字を出すが、当時は大手のなかで最も伸び率が低かった。「日本の自動車業界は九五年の輸出が十九年ぶりに四百万台を割り、国内生産は千二十万台止まり。国内需要は上向きでも輸入車の攻勢でいまが一番苦しい。ここを勝ち残れば、販売や生産の効率化を進めやすくなる」――これが奥田の基本認識だ。それだけ他社も必死だから、「国内販売も決戦の時が近付いている」と見ていた。

未決書類は残さず

ただ奥田は「シェア至上主義を掲げて業界の悪者にまでなる気はない」。トヨタが存続するためには、例えば一兆円の利益を上げてでも社会が歓迎してくれるような「社徳」を身に着けたい、とも言う。

一見豪放磊落《らいらく》だが、力と冷静さを兼ね備えた二面性が奥田の武器だ。海外にも知己が多く、トヨタを外から突き放して見る目を持っている。

奥田が挑んだのは社内に非トヨタ的な要素を取り込み、巨大組織を揺さぶることだ。輸入販売を始めた米国GM製「キャバリエ」は、「最も若くてトヨタ色に染まっていない営業マン」に担当させるよう指示した。

奥田を支える国内販売担当の磯村巖副社長（当時）も、以前から「トヨタに異文化を取り込むよう」主張していた。管理職の昇格から年功序列の要素をなるべく排除する試みも、奥田と磯村の感性は一致している。「トヨタは自己革新の途上にある。（九六年）一月と六月を見てくれればわかる」。奥田の言う一月は管理職の抜てき人事、六月は役員の若返りを示唆していた。

急激な改革は反動も大きい。しかし奥田の後ろ盾には豊田章一郎会長と英二名誉会長（いずれも当時）がいた。「トヨタはおおいに変えなきゃ老大国になってしまう」（章一郎氏）。信頼する人間に思い切って任せる点は、人の使い方を心得た豊田家の資質かもしれない。

トヨタは組織で動く会社だから、奥田自身、「変革の難しさ」はわかっている。九五年十一月の中国訪問では、事務局が天津汽車工業総公司とエンジン合弁生産の調印を狙ったが、果たせなかった。「欧米企業なら交渉の場でトップがイエスと言えば済むが、うちはトップといえども相手の言い分を聞くだけで帰ってくる」。社長として初の訪中は苦笑交じりの感想だった。

奥田の側近は「社長は（当時）よく黙考していた」と証言する。責任の重さを今更ながら感じていたからだろう。それでも奥田は前進する。「なるべく未決の書類を残さないように、ボンボン投げる。ボトムアップでも経営はやりようがある」。トップの仕事は決断すること、と心得ている。

奥田には派閥がない。かつて社長を狙う気持ちがなかったからだ。しかし、踏み出した道は後戻りできない。

若返りへエンジン点火

九六年五月二十三日、奥田は就任後九カ月で初めての役員人事を発表した。新任取締役への登用は、過去最高の十六人にのぼった。若返りを公約に掲げてきた奥田は、「百点満点とはいかないが、人材を若干そろえられた」とした。本当の若返りはこれからとの声もあったが、役員選考の過程で、「会社の体質を変えたい」という奥田の意思はトヨタやグループ内に確実に伝わった。

四月末から五月初めにかけ、役員や部長らが次々と会長や社長の部屋を訪れ、異動や昇格の内示を受けた。「呼び込み」と呼ばれるこのイベントの後、社内では「体制は一新した、これで変わるよ」という声と、「もっと若返ると思ったのだが……」という見方が入り交じっていた。

これまでグループ企業の人事は岩崎正視副会長（当時）ら「大番頭」が取りまとめ、社内人事を会長・社長で決めていた。今回はグループも含めて素案作りを奥田に一任。章一郎会長（同）と調整したうえで最終決定した。社長の裁量の比重が高まり、その分、社内の若返りへの期待が大きかった。

奥田自身は二十三日の決算発表の席で、「十六人もの新規役員を登用できた。第二の創業期に向けてスタートは切れた」と評価した。ただ、「人材をそろえられた」と言った直後に「いや、若干はそろえられた」と言い直す場面もあった。若返りはこれからだとの思いも強かったようだ。

確かに、常務からいきなり副社長への登用や、専務の総入れ替え、最多となった新任取締役など、表向きは「若返り」色が出ている。役員の平均年齢も前回九四年九月の改選期よりは低くなり、ようやく〝老化〟に歯止めがかかった。

とはいえ、若返りの目玉と言えるような人事には乏しかった。副社長に昇格した常務三人のうち、横井明氏や山本幸助氏らの昇格は当然と見られていたからだ。新任も数は多いが、最年少は昭和四十四年入社の大学院卒（大学四十二年卒に相当）にとどまった。前年にはすでに院卒四十三年組が昇格していた。奥田は当初、「二十二、三人は役員を入れ替える」と周辺に漏らし、社内では「四十五年入社組まで可能性がある」という風評もあった。その点ではやや期待外れに終わったと言える。

若返りの風をトヨタ本体以上に感じたのが、グループ企業だ。役員の年齢構成がトヨタとほぼ同じだった日本電装（デンソー）が岡部弘新社長へ十一人抜きの抜てきを実施。石丸典生社長（当時）が「奥田氏の若返り志向が追い風になった」とコメントしたことが拍車をかけた。

トヨタも「専務ポスト」だった東京トヨタ自動車や関東自動車工業に取締役クラスを社長や次期社長として送り込んだ。グループ首脳の間には「若返りしないとまずい」という機運が広がり、実際、バネメーカーの中央発条などは任期途中での社長交代を実施した。

奥田が今回「若返り」に向けて歩み出さなければ、トヨタの老化は一層顕著になっただろう。就任後初の人事であり、制約も多いなかで、奥田は持ち前のしたたかさとバランス感覚を発揮した。トヨタの社風のなかで、結果はともかく「大山を鳴動させた」のは間違いない。

【グローバルリーダーという評価】

「英国がＥＵ（欧州連合）の通貨統合に参加しないなら、投資を控える」――一九九七年一月の奥田の発言は英国の新聞が一面トップで取り上げ、政府が狼狽するほどのインパクトを持っていた。この発言の影響力の大きさに、溜飲を下げた日本のビジネスマンも多かったはずだ。

トヨタの投資力だけが注目されたわけではない。「ビジネスウィーク」誌九七年新年号は世界の最優秀経営者二十五人の一人に奥田を選んだ。「大企業病の早期克服とグローバル化の推進」が理由だ。

日本国内での評価と一致しているのは、奥田の率直な物言いと行動力だ。九七年春闘で賃上げが突出、財界からトヨタのエゴと一斉に批判されても「優勝劣敗がはっきりする時代に横並びはない」と一蹴した。九五年には、身動きのとれなかった日米自動車摩擦の最終局面で、民間主導のグローバルプランをまとめた剛腕で、一躍米国に知られた。

「日本はグローバルリーダーになれない」という論文が「ハーバードビジネスレビュー」に掲載され話題になったのは八九年。金融、製造業ともバブルの絶頂期だった。「世界の金融、貿易制度の開放性を維持する資格に欠ける」「グローバルな目的意識がない」と散々だった。

政治や金融界には、この評価はいまでも当てはまるのに対し、産業界でその後、グローバルリーダーが出てきたのはなぜか。答えは「国際的なルールに合わせ、熾烈な競争をしたから」という単純明快な事実だ。

ソニーの出井伸之社長（現会長兼グループCEO）、ブリヂストンの海崎洋一郎社長（現相談役）、コマツの安崎暁社長（現取締役相談役）、東芝の西室泰三社長（現会長）……。これらのニューリーダーに共通するのは、非主流、国際畑が長く、高度成長期には決してトップに抜てきされなかったタイプという点だ。

奥田も上司と反りが合わず、四十歳代に七年間もマニラに駐在。トヨタの工販合併がなかったら「取締役にもならなかっただろう」と自ら言う。企業が成功体験を否定し、グローバル化や経営改革を断行するときは、リーダー選びも過去の慣例を壊す必要がある。エリートではない異能の人がグローバルリーダーの条件なのかもしれない。

3　本当の強さ復活へ「社徳」を強調

相次ぐ積極策

「一年と言ってもあっと言う間だったし……。特に感慨はないよ」。就任して一周年を直後に控えた一九九六年八月二十一日、新型セダン「ウィンダム」発表の記者会見で、感想を聞かれた奥田は質問をさらりとかわした。しかし、本人の言葉とは裏腹に、社員は「トヨタは変わりつつある」ことをはっきり実感していた。

就任から一年、奥田は強気の戦略で販売に活力を与えながら、人事制度をも大胆に改革、停滞感が漂っていた巨艦トヨタを活性化させた。

人事制度面では入社年次による考課の撤廃、顕在化した能力だけで判断する実力主義の徹底、転職後の給与の減額分を一定額補償してまでも転職を促す制度の導入など、ドラスチックな改革を相次ぎ実施した。

社内ベンチャー育成のために総額五百億円の投資基金を設置。五月末の役員人事では十六人の新任取締役を誕生させた。大企業病による意思決定の遅れや組織の疲労に危機感を募らせる奥田は、とにかくがむしゃらに動いた。

奥田自身は「達郎前社長の病気で積み残しになっていた案件を片付けただけ」と言うが、以前のトヨタに最も欠けていたのが実行力。「企画を立ててもなかなか実行に移せない」ということが社内の沈滞ムードを招いていた。そこに「(決裁の)ハンコはポンポン押す」という奥田が登場した。

施策の内容も受け身から攻めに変わった。「中国政府の顔色をうかがうばかりで成果が上がらない」と社内で批判されてきた中国での事業にメドを付けた。米国との摩擦をきっかけに公表した米国の新工場建設も、公表から約半年で着工にこぎつけ、「摩擦対策」と

図表３●トヨタが96年に着手した組織・人事改革

＜人材育成・活用策＞

●課長級以上を対象とする新人事制度
- 入社年次を問わない考課・昇格
- 能力主義を徹底した賃金制度
- 48歳の時点で専門能力や適性を考慮し、本人選択のうえで再配置を促す
- 金銭面から転身を支援

＜ホワイトカラーの働き方・意識改革＞

●課長級の自己研さんを目的とする１カ月間の休暇制度

●毎週金曜日を自由な服装のカジュアルデーに。

●残業時間を一定にし、時短や業務効率の向上を促す

＜組織・マネジメントの改革＞

●統廃合などによる部の削減と分社化の推進

●プロジェクトチームによる意思決定の迅速化

いうより、トヨタの積極的な海外展開の一環という印象を社内外に与えた。

いまなお最大の課題である国内販売シェアの回復でも、実際には様々な施策を実行してきた。九六年春以降、相次ぎRV車を投入、ディーラーの士気は上がった。「マークⅡシリーズ」を手始めに双子車・三つ子車戦略も転換し、最量販車種の「カローラ」「スプリンター」までも「外観・イメージはまったく別の車にする方針」と言う。

販売五チャネル体制については「維持する」と言うが、中期目標に掲げる「二〇〇〇年に国内三百五十万台」という計画が達成できそうもなければ、五チャネル体制に手を付けることもあり得る。

図表4●国内の生産・販売体制

■販売・サービス網

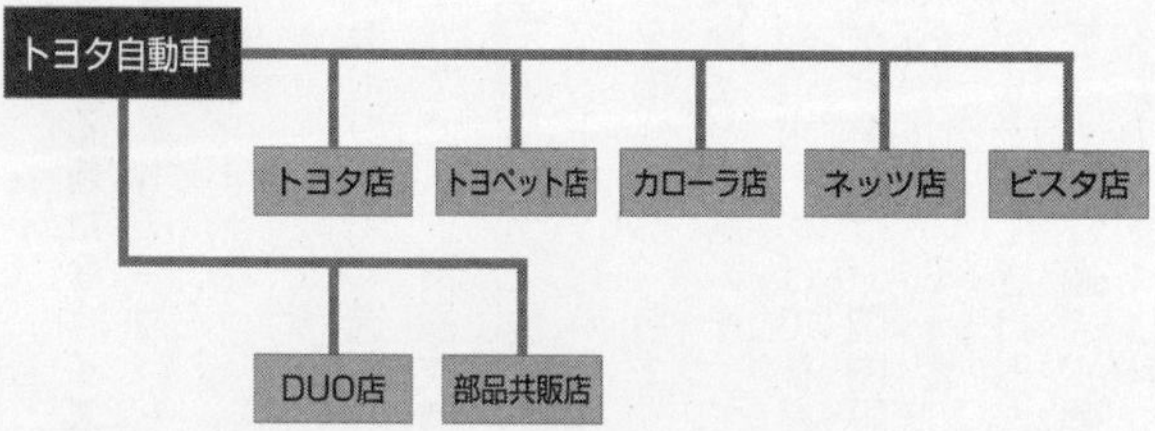

	取扱車／事業内容	
トヨタ店	センチェリー、セルシオ、クラウン、ソアラ、トヨタキャバリエ、カルディナ、カリーナ、エスティマ・エミーナ、プリウス、ハイメディック、ガイア	ダイナ、ハイラックス、メガクルーザー、ランドクルーザー、コースター、クイックデリバリー
トヨペット店	セルシオ、ソアラ、アバロン、マークII、カルディナ、コロナ、コルサ、サイノス、イプサム、コンフォート、ハリアー、プログレ	トヨエース、ハイエース、コミューター、ハイラックスサーフ、クイックデリバリー
カローラ店	ウィンダム、スープラ、セプター、カムリ、グラシア、セリカ、カローラ、カローラII、エスティマ、エスティマ・ルシーダ、RAV4J、ナディア	タウンエース
ネッツ店	アリスト、チェイサー、MR2、スプリンター、スプリンターカリブ、スターレット、グランビア、RAV4J、ラウム、アルテッツァ、ヴィッツ	ライトエース
ビスタ店	アリスト、クレスタ、ビスタ、MR2、ターセル、サイノス、イプサム、ハリアー	ハイエース、コミューター、ランドクルーザープラド
車両販売店	・車両（新車・中古車）および車両関係部分品（用品他）の販売・アフターサービスならびに損害保険代理業務 ・上記に付帯関連する業務	
部品共販店	トヨタ車の補修用部品と各種自動車用用品	
DUO店	<VW>ポロ、ゴルフ、ゴルフワゴン、ゴルフカブリオ、ヴェント、パサート、シャラン <Audi>A3、A4、A6、A8	

（注）一部地区（東京、大阪、沖縄）では、車両販売店の取扱車種が異なる。1999年1月現在。

出所：「トヨタの概況1999」

求められる新たな〝イズム〟

ただし、本当に「強いトヨタ」を復活させるには猪突猛進だけでなく、強さを支える新たなパラダイムが求められる。奥田はこれを「社徳」と表現して社内に意識改革を迫った。

アクセルのふかし過ぎが騒音・排ガスなど環境問題を引き起こすように、猛進すると軋《あつ》轢《れき》が生じてくる。積極攻勢をかけた後に、どういう経営ビジョンがあるかが問われることに、奥田は早くから気が付いていた。

かつて、トヨタは八〇年代、世界市場でシェア一〇%を獲得する「グローバル10」という目標を掲げたが、あまりに「覇権主義的すぎる」との批判が内外から上がり、日米自動車摩擦などともあいまって姿を消してしまった経緯がある。

「強さの追求」だけで社員がついてこられるかどうかという問題もある。

トヨタの業績は、国内販売シェアが低迷しているわりに好調。過去数年間のコスト低減の成果が表れているうえ、為替が比較的落ち着いているためだが、社内では「もうけ過ぎの批判がまた出てきはしないか」という声もあった。

かつて「もうけ過ぎ、強過ぎ」と批判されたトヨタは、バブル期前後ごろから「協調」をうたいはじめた。しかし、社員の間には「何を目標にすればいいのか」というムードもあった。本来、不況期には基礎体力の強い企業が有利で、トップ企業の寡占化が進むものだが、トヨタは逆にシェアを落とした。要因の一つは社員が「強さ」に替わるパラダイムを見いだせず、戸惑いを生んだことが挙げられる。奥田は十分にわかっている。「経常利益が四千億―五千億円なら大丈夫だろうが、さらにもうけても批判されないためには『社徳』を高めるしかない」。

トヨタは二〇〇五年に向けた経営ビジョンとして「調和ある成長」を掲げている。これが「社徳」と言えるだろう。奥田が一年目、「強さの復活」に専念したことは当時の状況から言えば間違いなく正解だ。しかし、二年目を迎えた奥田は「調和ある成長」とは具体的にどんな企業像なのかを、社員に明確に提示するという難しい舵取りが求められた。社員の士気が高揚している間に新たな「トヨタイズム」を構築しなければ、本当に強いトヨタは復活しないかもしれないからだ。

【周到なRV制覇戦略――奥田千四百日のもう一つの側面】

奥田碩が社長だった千四百日の間、自動車の販売に関して言えば、とにかくシェアに固執し、インセンティブ（販売奨励金）を大量につぎ込むイケイケ戦略だったとも言える。しかし、その陰ではレクリエーショナル・ビークル（RV）のブームに対応して着々と将来の車種戦略を練り、売れる車が出揃ったところで収益バランスの改善

図表5●21世紀の調和ある成長ビジョンの実現

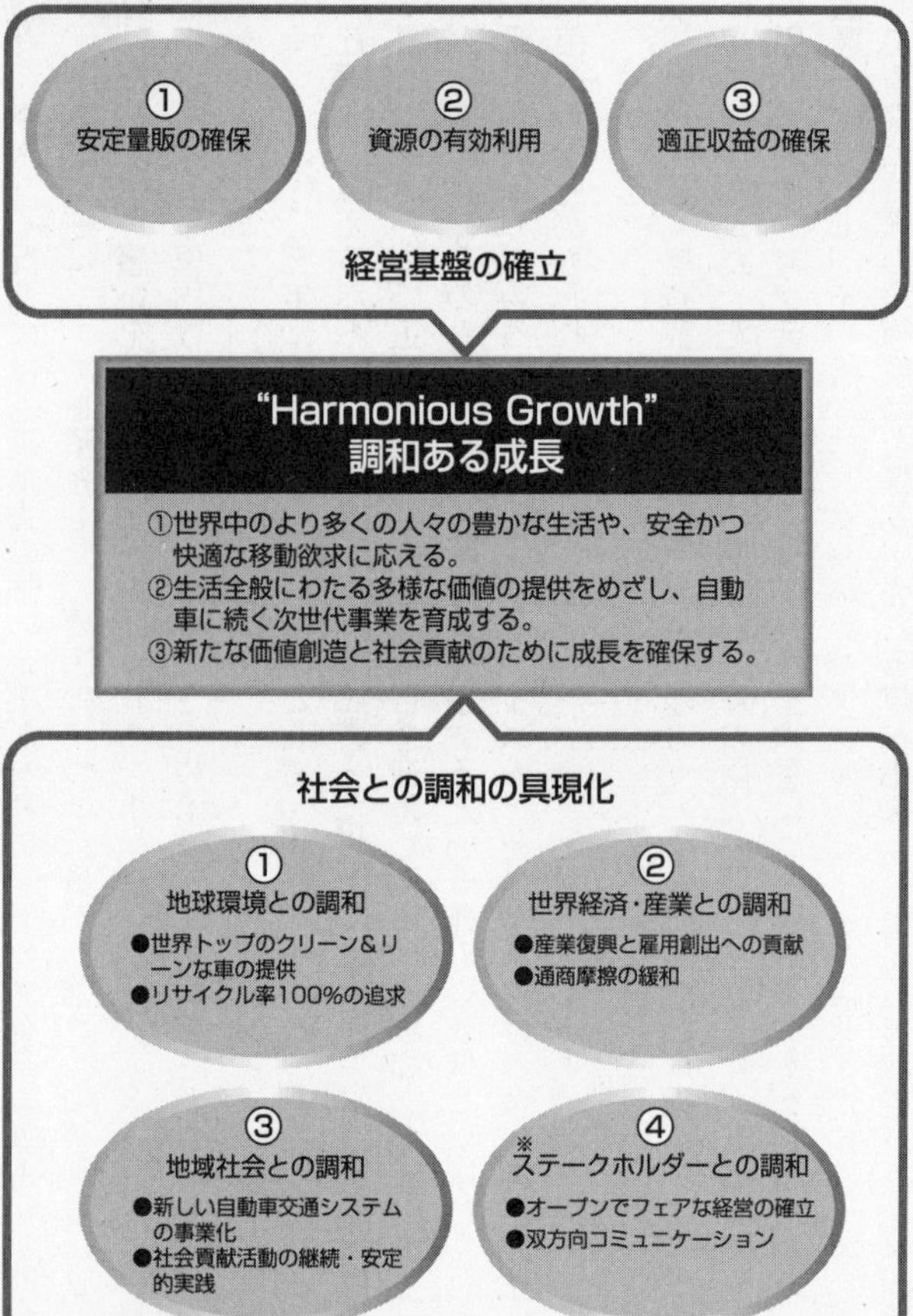
①
安定量販の確保
②
資源の有効利用
③
適正収益の確保
経営基盤の確立
"Harmonious Growth"
調和ある成長
①世界中のより多くの人々の豊かな生活や、安全かつ快適な移動欲求に応える。
②生活全般にわたる多様な価値の提供をめざし、自動車に続く次世代事業を育成する。
③新たな価値創造と社会貢献のために成長を確保する。
社会との調和の具現化
①
地球環境との調和
●世界トップのクリーン&リーンな車の提供
●リサイクル率100%の追求
②
世界経済・産業との調和
●産業復興と雇用創出への貢献
●通商摩擦の緩和
③
地域社会との調和
●新しい自動車交通システムの事業化
●社会貢献活動の継続・安定的実践
④
※ステークホルダーとの調和
●オープンでフェアな経営の確立
●双方向コミュニケーション

※ステークホルダー:企業活動の上で直接・関節に関わりをもつ人々。
（顧客、株主、社員、仕入先、金融、マスコミ、学生等）

出所：「トヨタの概況1999」

図表6●「トヨタ2005年ビジョン」の概要

■環境展望と状況認識

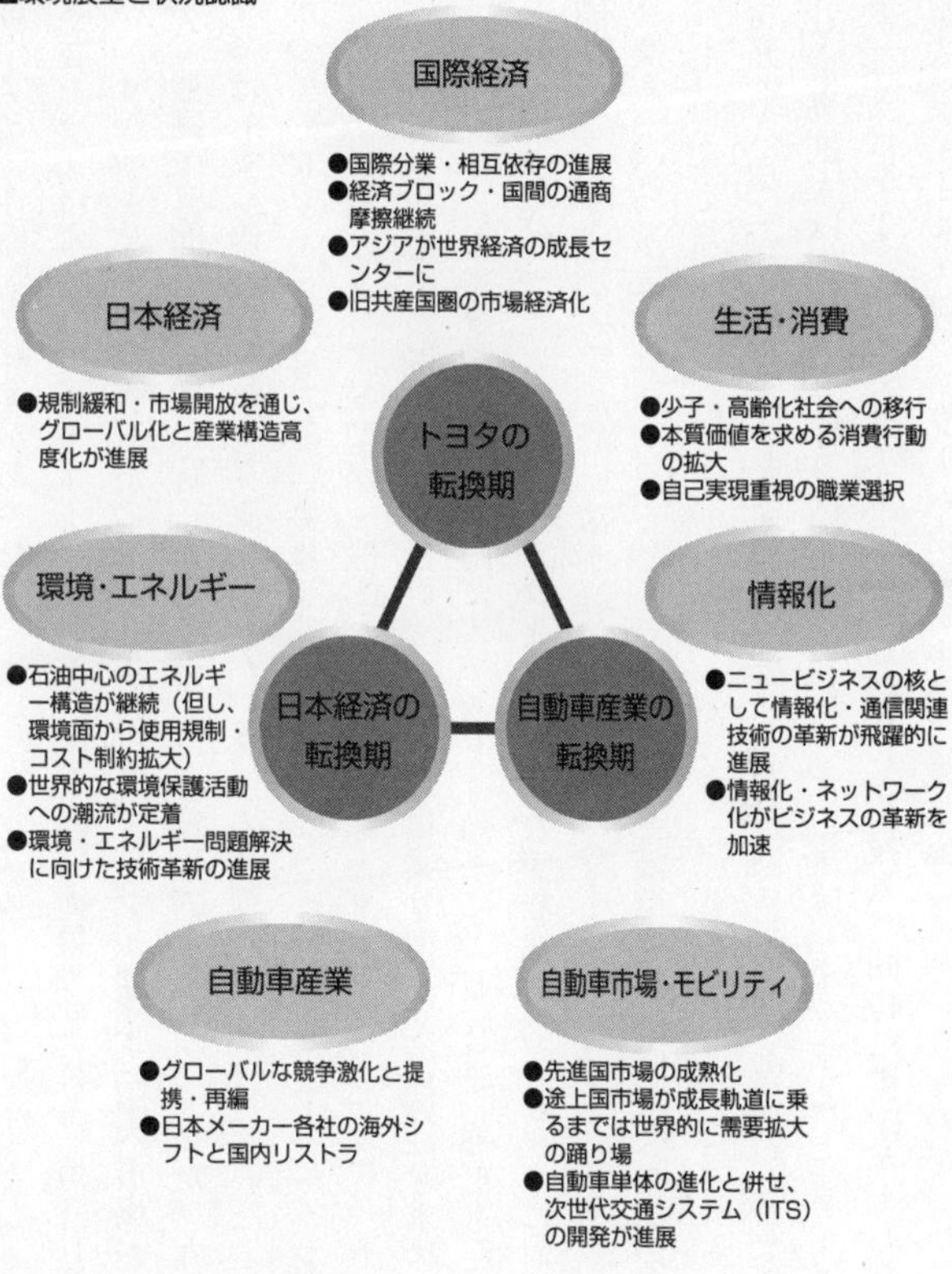
国際経済
●国際分業・相互依存の進展
●経済ブロック・国間の通商摩擦継続
●アジアが世界経済の成長センターに
●旧共産国圏の市場経済化
日本経済
●規制緩和・市場開放を通じ、グローバル化と産業構造高度化が進展
生活・消費
●少子・高齢化社会への移行
●本質価値を求める消費行動の拡大
●自己実現重視の職業選択
トヨタの転換期
環境・エネルギー
●石油中心のエネルギー構造が継続（但し、環境面から使用規制・コスト制約拡大）
●世界的な環境保護活動への潮流が定着
●環境・エネルギー問題解決に向けた技術革新の進展
日本経済の転換期
自動車産業の転換期
情報化
●ニュービジネスの核として情報化・通信関連技術の革新が飛躍的に進展
●情報化・ネットワーク化がビジネスの革新を加速
自動車産業
●グローバルな競争激化と提携・再編
●日本メーカー各社の海外シフトと国内リストラ
自動車市場・モビリティ
●先進国市場の成熟化
●途上国市場が成長軌道に乗るまでは世界的に需要拡大の踊り場
●自動車単体の進化と併せ、次世代交通システム（ITS）の開発が進展

を目指すという周到な計画があった。

「オデッセイは本物なのか」――。本田技研工業が〝街乗り型RV〟のはしりと言われる「オデッセイ」を発売したのは九四年の十月。バブル崩壊で国内市場が低迷するなか、最高で月間販売台数が約一万五千台という驚異的ペースで売れた。九五年、トヨタではセダン中心の戦略を見直すべきかどうかの議論が続けられていた。

かつてのRVと言えば三菱自動車工業の「パジェロ」や、トヨタの「ランドクルーザー」のようなオフロード型が一般的。発売当初、セダンベースのオデッセイがあれほど売れると予想した関係者は少ない。しかし、街乗り型RVは個性を求める新世代にうけ、ブームを巻き起こし、本田にオデッセイ効果による収益改善をもたらした。

高級セダンを持つことのステータスより、様々な家族構成やレジャーに対応できる車内スペースを求める家族層が広がっている。「カローラ」に始まり「マークⅡ」に乗り換え、いつかは「クラウン」という車種構成では市場に対応できなくなりつつある――。

九五年八月に社長に就任した奥田はこうした社内チームでの検討結果を踏まえ、「RV市場拡大は本物」という決断を下した。その後は「イプサム」「ガイア」「ナディア」「ハリアー」など矢継ぎ早に街乗り型RVを投入。同時に奥田が下した判断は、「将来はスモール・コンパクトが市場の主流に躍り出る」というものだった。「NBC

(ニュー・ベーシック・カー)プロジェクト」に基づく世界戦略小型車の開発作業がここにスタートした。

もちろん、RVの車種が出揃うまでには時間がかかった。NBC開発もたやすくない。奥田は車が出揃うまでの間、インセンティブをディーラーにつぎ込んで販売の数量とシェアを確保、危機を乗り切る道を選択した。

インセンティブは九七年度には年間一千億円を超える水準にまで達する。「値引きによる乱売の原資」との批判も浴びせられた。しかし、当時のトヨタ幹部は「売れる玉(車)が出そろうまでのつなぎ」と、覚悟のうえでつぎ込んだ。奥田自身も折あるごとに「国内シェア四〇%」という旗を振り続け、販売現場を鼓舞した。

RVのラインアップができあがった九九年一月、NBCプラットフォーム(車台)を使った第一弾「ヴィッツ」を発売した。新コンセプトのコンパクトカーを待ち望んでいた世代が飛びつき、発売六カ月で販売十万台を達成。「イプサム」以来となるトヨタとしての最速記録を塗り替えた。

同時に九九年度は、インセンティブを九七年度の半分程度にまで減らす方針をディーラー各社に伝えた。売れる車が出揃ったところで、ディーラーを含めてトヨタグループの収益構造を一気に改善する方向に百八十度かじを切り直したわけだ。ある自動車アナリストは「トヨタの収益構造は三年後には大幅に改善する」と見ている。

四年前に決断した方向性にメドを付け、次の社長にバトンタッチする——。車の製品開発と販売に関しては、シナリオ通りの四年間だったとも言える。

4 「五強時代」の勝ち残り戦略

「二十一世紀は優勝劣敗の時代となる。もはや今世紀の延長線上では語れない。残された二年間は、トヨタグループとして、世界の列強と伍していくための最終準備期間だ」——。一九九八年十二月十七日、年末の恒例行事となった記者団との定例会見。就任後三年が過ぎた奥田は、こうした刺激的な言葉をちりばめながら、トヨタグループとして世界的な自動車再編の波を乗り切っていく覚悟を語った。翌九九年早々には日経連会長就任に伴い社長退任の意向を表明、社長として最後となった年末会見での奥田発言を検証してみると、トヨタの描く勝ち残り戦略が明確に浮かんでくる。

新次元の原価低減

「コスト競争力強化のため、新次元の原価低減が必要だ。そのなかには生産体制の再構築も含まれる」——。

新次元の原価低減とは、主に部品の共通化、モジュール(複合)化、システム化を指す。その試金石となる車が、九九年一月に発表した戦略小型車「ヴィッツ」だ。ニュー・ベーシック・カー(NBC)として開発を進めてきたこの車は、従来に比べ約三〇%のコストダウンを実現した。この手法を今後ほかの新車開発にも適用し、また進化させながら、全体として大幅なコスト低減を実現しようと考えている。

工場の閉鎖・集約など、生産体制の再構築については「現段階では決まったことがあるわけではない」としながらも、「グループ全体で生産効率を上げるための検討を進めている」と、生産能力の削減が視野に入っていることを示唆した。「新鋭空母ができれば老朽化した空母は退役する」とも付け加え、古い工場の閉鎖の可能性もほのめかした。

工場閉鎖の痛みを最小限に抑えつつ、生産体制をどう再編するか。「最終準備期間」の最重要課題となる。

グループ戦略を最重要視

「規模では世界のトップファイブには入っておきたい。ただ、規模が大きいから強いとはいえない。グループ会社、協力部品会社、販売会社などを統合化することが大切だ」――。

今後の自動車開発では環境・安全・情報などの新しい技術が求められ、それらの開発費を負担するには一定の企業規模が必要、というのが奥田の持論。独自開発ができなければ「他社からもらうしかない」からだ。

世界の自動車業界では、トヨタは米国のGM、フォードの〝ビッグツー〟に次いで、売上高で第三位の位置にあった。ところがダイムラー・クライスラーの合併・発足により、四番目に下がった。「トップファイブ」と言ったのは、このためとみられる。この時点での本音はトップスリーへの復帰だろう。

「大きいから強いとはいえない」というのは、クルマの品質や価格にこだわってきたトヨタイズムの核心に触れる部分と言える。その流れのなかで「統合化」というキーワードが出てきたのは、裏返せば「いままで以上にグループ会社に口を出していきますよ」との宣言と受け取ることもできる。

情実排し合理性で勝負

「（連結納税制度を認めた持ち株会社制度の）二〇〇一年実施が見えてきた。純粋持ち株会社も含めてより深く検討を進めていきたい」――。

持ち株会社問題は、二十一世紀のトヨタがどんな形で企業統治（コーポレート・ガバナンス）をするか、ということにかかわる。トヨタにとっては税制上の問題より、巨大グループの運営に持ち株会社制度をどう利用するかという点の方が重要だ。

トヨタはすでに九八年八月、専務を筆頭にした全役員による複数のチームを作り、二十一世紀に向けた組織体制の勉強会を開いている。持ち株会社制度やカンパニー制度など様々な仕組みについてケーススタディをしたが、出席した豊田英二名誉会長（現最高顧問）は「（企業組織を）変えること自体が重要なのではなく、どういう理念で変えるのかが大切」と指摘したという。

純粋持ち株会社か、事業持ち株会社か、という議論も「理念」が固まれば自ずと決まる問題のようだ。

「優勝劣敗は、情実より経済合理性が大きな要因となる。合理性に根差した企業運営が必要で、外部もそう評価するはずだ」――。

十七日の一連の奥田発言のなかで、最も注目されるがこの「情実」という発言である。これは、例えば取引銀行やグループ会社などとの間で、「恩」や「貸し借り」「しがらみ」などが介在する不透明な関係を維持していては二十一世紀の競争には勝ち残れないという意味だ。

それとともに、この発言は豊田家とトヨタのこれからの関係を改めて示唆したものともとれる。常々、奥田は「豊田家は尊重するが、人事は公平に処遇する」と述べている。人事の面でも「合理性」を追求することを宣言している。

5　改革総仕上げ、退路断つ

日経連会長に就任

一九九九年一月八日夕。東京・大手町の経団連会館内の財界記者クラブに突然、一枚の紙が配られた。それは五月に任期を迎える根本二郎会長（日本郵船会長）の後任に、トヨタ自動車の奥田碩社長（当時）を充てるという発表資料だった。新聞各社の記者が先を争うように本社への電話に飛び付く光景が見られた。

奥田は三菱化学の古川昌彦会長とともに、後継の有力候補と目されていたことは事実。だが、経団連の会長もあると言われた奥田への禅譲が、これほどすんなり決まるとは大方の予想外だった。まして、忙しい日経連会長とトヨタ社長の兼務はまず不可能。それは奥田が社長退任の腹を固めたことをも意味していた。

「奥田君には受けない方がいいと言ったのだが……」。日経連の会長人事を聞いたトヨタグループの首脳の一人は同八日、残念そうにこう語っている。彼ばかりではない。奥田を支えてきた社内外の多くの人々の期待は「社長続投、将来は経団連会長」だった。この人事はそうした期待に肩すかしを食わせた格好になる。

日経連の根本会長が後継者選びに動き始めたのは九八年秋ごろ。九―十月にかけて何度か経団連の今井敬会長を訪問、周囲から「根本氏は奥田氏を本命視している」との情報が漏れ始めた。だが、この時点で「今井氏は奥田氏を経団連副会長にと考えているはず。いずれは経団連会長もあり得るのにどうして日経連なのか」(奥田に近い関係者)とトヨタ内部の反応は冷ややかだった。

事態が動き始めたのは九八年十二月ごろから。九八年末から急速に根回しが進み、難航が予想されていた日経連人事はあっさりと決着する。

改革路線に決着の時期

なぜ奥田は受けたのか。「根本氏の強い要請を受けた章一郎氏が説き伏せた」「奥田が社長若返りに固執したため、財界でのはめ込み先として章一郎氏が受け入れた」――。真相はやぶの中だが、はっきりしているのは日経連会長人事の根回しに並行して、トヨタのグローバル企業への脱皮を狙う奥田の発言が過激になったことだ。

「トヨタも世界的になり、資本や人材も世界のものを使う時代。二%ぐらいの株しか持たない豊田家というのがものを言うのか、システムで動いた方がいいのか、その辺りは決めていかなければならない」――。

一昔前のトヨタなら大騒ぎになったような発言を頻繁にし始めたのは、自ら進めてきたトヨタの改革が一つの決着の時期を迎えたとの強い意識があったからだろう。「きちんと若返りは進めないと。でないと『三河のトヨタ』に逆戻りだよ」。年末には自らの進退についてこうも語っていた。

持ち株会社も明言

財界記者クラブで資料が配られた数時間後の八日深夜、愛知県岡崎市の奥田邸。氷点下と思われる厳しい寒さのなか、詰め掛けたトヨタ担当の記者団を、ふだんは玄関先でしか応対しない奥田が珍しく自宅の応接へと招き入れた。

「経済四団体の長は、政府からの呼び出しなどもあり、社長との兼務は難しいだろう」

「私も六十六歳だ。若返りと言ってきたのに、その歳でまだやるのかという話になる。内規だって社長六十五歳、会長七十歳なんだぞ」

「社長は若返ったほうが良いという点で、豊田会長とも意見は一致しており、私は続投するつもりはない。もともと総会のある六月に辞めるつもりだった」

「人選はまだ白紙の状態だが、五、六人いる候補のなかから決めることになるだろう」

社長交代の意向をあっさり認めたばかりか、奥田の口からはトヨタに持ち株会社制を導入することを明言する発言まで飛び出した。「どういう形態にするかはいろいろ詰めてきている。トップ人事はいずれにしても、持ち株会社移行へ向けての組織改革とセットで実施することになる」というのだ。形態として、純粋持ち株会社方式、事業持ち株会社方式などがあり、「国会での議論の行方などを見ながら決定していく」という。会長就任と同時に持ち株会社的な機構改革を実施するということは、すなわちグループを統括する最高経営責任者（ＣＥＯ）的な役割を引き続き担うことを意味した。

「だってうちの社長定年内規は六十五歳だろ」――。今回社長業にピリオドを打つにあたって、社内のだれも知らない〝内規〟を持ち出すあたりは経営者としての奥田の美学と言えるが、それだけでは奥田の発言につねに引っ張られてきた社内は納得しないだろう。

「持ち株会社は連結納税制の実現を待たなくても作ることはできる。交代人事はそうしたものと連動する」。奥田の周囲からはこんな発言も出始めた。ダイハツ工業や日野自動車工業の子会社化など一連の動きは、「情実」で動いてきた経営を「資本の論理」に置き換えようという奥田の戦略で、その延長線上に持ち株会社制への移行がある。

具体的に持ち株会社制でトヨタをどう変えるのか――。奥田は多くを語らないが、一連の発言からすれば、グループ運営ばかりでなく、人事・組織、株主との関係まで含めたあらゆる側面で、もはや情実の世界には戻り得ない体制をゴールに置いていることは間違いなさそうだ。

6 名実とも奥田体制に

CEOとして引き続きグループ統括

一九九九年四月十三日午後二時。トヨタは約四年間社長を務めた奥田碩が六月末で会長に就任し、後任に張富士夫副社長を充てる人事を正式発表した。名古屋市のホテルで開いた会見には名誉会長に就任する豊田章一郎氏と奥田、張の三人が顔をそろえた。さらに数時間後には、東京に舞台を移して改めて三人そろって会見した。会見の最後には、カメラマンの注文に応じて首脳三人ががっちり握手をしてみせるというパフォーマンスも演じた。

「トヨタにCEO（最高経営責任者）という制度はないが、あえて欧米流に言うなら、奥田がCEOで、張はCOO（最高執行責任者）だ」。会見で章一郎氏があえてこう説明したのには理由がある。海外の投資家から「トヨタの経営を変えた」と評価されてきた奥田が経営の一線を退くとなると、様々な憶測を呼びかねないからだ。

不安は的外れではなかった。十四日付の英フィナンシャル・タイムズ紙は、今回の人事を豊田家と奥田の確執と関連づけ、「経営戦略に疑問を生じさせる動き」と報じた。

課題はグループ再編

トヨタ関係者はこうした見方を「根も葉もないうわさ」と一蹴する。実際、章一郎氏と奥田の間に経営戦略上の相違はないという。二人の課題はむしろ、持ち株会社への移行を軸にしたグループ体制の再編だ。

会見で奥田は「二十一世紀を見据えてトヨタとグループの在り方を考え、トップの布陣を決めた」と幾度も強調した。

奥田が社長を務めた四年近く、約千四百日の間、トヨタは新時代への布石を相次いで打ってきた。米国新工場建設やフランスへの工場進出などグローバル展開を矢継ぎ早に決定、「石橋をたたいても渡らない」従来の慎重姿勢は影をひそめた。

ただ、スピード経営への転換は、奥田改革の表層に過ぎない。改革路線の「背骨」となってきたのは、資本の論理に基づいたグループ一体経営の徹底だ。

グループ企業であるダイハツ工業の子会社化や、日野自動車工業株の買い増しをある種強引とも言えるやり方で推進。さらに今回、トヨタのトップ人事と同時に、デンソー、アイシン精機、豊田自動織機製作所というグループ主要三社に高橋朗、和田明広、横井明のトヨタ副社長をそれぞれ副会長や会長として派遣することを決めた。結束固めの集大成と位置づけられるのが、二〇〇〇年にも導入が予定されている持ち株会社構想だ。

奥田は持ち株会社の形態について、「法整備の問題もあり、九九年中には結論は出ない」

と語るが、奥田自身がそのトップに座り、グループ全体ににらみをきかせる可能性が高い。あるトヨタ関係者が「これで名実ともに奥田体制になるんでしょうね」と感想を漏らすのも、奥田のリーダーシップに変化はないとみているからだ。

道半ばの改革路線

ただ、奥田が引っ張ってきた改革路線も、まだ道半ばと言える。デンソーなど三社に人材を送り込む人事一つとっても、最後の決め手になったのは「章一郎氏の存在」(トヨタ関係者)だった。一部にあったとされる人材受け入れへの反発も、最後には豊田会長の〝威光〟で押し切ることができたという。「情実」とは一線を画した「資本の経営」を進めるために、トヨタへの出資比率が約二%に過ぎない豊田家の力に頼らざるを得ないという、皮肉な現実がある。当面、奥田は豊田家との関係に配慮しながら、経営面では一種の「豊田家離れ」を進めるという微妙な舵取りを要求される。

自動車業界が国境を超えた大再編時代を迎えたいま、昔ながらの「情」だけでグローバル競争を乗り切ることは難しい。カリスマ性のある豊田英二氏や章一郎氏らが一線を退いてしまえば、求心力がなくなり、もともと、独立意識の強いデンソーなどがトヨタ離れに走る恐れもないとは言えない。奥田は「ポスト英二・章一郎時代」をにらみ、今後も資本を接着剤としたグループ一体経営への転換を急ぐと見られる。

【事業持ち株会社が自然な形 奥田会長インタビュー】

トヨタ自動車の奥田碩会長は一九九九年八月二十三日、会長就任後初めて日本経済新聞記者との単独インタビューに応じた。懸案となっている持ち株会社制度の導入について「移行するとすれば、事業持ち株会社がトヨタにとって自然な形態だ」との考えを明らかにしたほか、会長としての抱負、二十一世紀の自動車産業とトヨタの戦略など幅広いテーマについて質問に答えた。

意識改革は進んだ

——奥田社長時代の約四年間、トヨタは大きく変わったと言われた。自身から見て一番大きな変化は何か。

「自分では、世間で言われているほど大きく変わったとは思っていない。ただ、一つ言えることは、組織がフレキシブルになったんじゃないか。足が前に出るようになった。以前は意思決定とか積極性とかの面で何かというと硬直的だった。そういう意味での意識改革は進んだのではないか」

——会長としての抱負は。

「日常的な仕事は社長に預けた。細かいことにはあえて、かかわらないようにしている。その方がいいだろう。今後は、グループ全体がより強力になり、世界の列強と戦っていけるよう、大所高所から見て、必要な戦略を練り、判断していくつもりだ」

資本による結束が大事

――グループの結束を強化するため持ち株会社への移行を検討しているが。

「合従連衡の時代にグループの結束を強めて負けないようにする必要がある。トヨタだけではスケールが足りない。持ち株会社制度は選択肢の一つとして検討している。ただ、まだ制度が整備されていないし、純粋持ち株会社を選択するか、事業持ち株会社にするかの問題もある。現在の形態のままで行く可能性もあり、もう少し様子を見たい」

――持ち株会社を指向する狙いは何か。

「これまでのグループ運営は、トヨタから出たということで、同じカマの飯を食った間柄みたいな関係でやってきた。当座は心配はないが、長い将来を見るとそういう関係は徐々に薄れていくことになる。そういう時モノを言うのが、やはり資本による結束なんだと思う」

――持ち株会社への移行は当初より議論が遅れている印象もあるが、いつまでに結論を出すのか。

「遅れていると言えば遅れているが、それはむしろ法制度の整備の遅れが原因だ。

（九九年末の税制改正作業で）連結納税の問題がクリアされれば制度の大枠の部分は固まる。制度がはっきりすれば、結論はすぐにでも出せる」

——持ち株会社では、傘下のダイハツ工業や日野自動車工業を統合するような再編を考えているのか。

「当面、そういう形にはならないだろう。合併よりも（資本の）マジョリティーを持って運営していく方がやりやすい。現在も既に事業持ち株会社の形態にあるとも言え、トヨタとしては事業持ち株会社的なやり方のほうがなじみやすいだろう」

今後五十年間は自動車が中心

——トヨタの二十一世紀をにらんだ戦略は。

「少なくとも前半の五十年は自動車が中心になることは間違いない。将来も見越し、通信事業や住宅事業にも手を広げてきたが、自動車を駆逐するようなことにはならないだろう。世界を見ると、自動車を持っているのはまだ四人に一人ぐらいしかいない。自動車産業はまだ広がる余地があり、中国やインド、ロシア、メキシコのようなトヨタとして開拓できる市場はある」

——通信事業は将来の柱になっていくのか。

「トヨタにとっての通信事業はＩＴＳ（高度道路交通システム）とか、自動車を一つの情報端末として活用するなどのハード面に収れんしていくだろう。通信キャリアの事業は今後も続けていくが、個人的には情報通信そのものが、現在もてはやされているほどに付加価値の高い産業とは思わない」

――自動車産業を取り巻く世界的な再編の波に身を投じていく可能性はあるか。

「現状ではないだろう。あくまでも自分の会社を広げていくという形を取るつもりだ。技術の面でも必要なハードごとに連携していけば事足りる。文化も違う他民族の会社と連携することはいろいろな面で難しい。これからも自社の文化を広げていく形で、いろいろな場所に拠点を作っていくことになるだろう」

資本効率は原価低減で高める

――過剰設備と過剰雇用にどう手を打っていくか。

「工場部分に関して言えば、トヨタには過剰雇用というものはない。あるとすればホワイトカラーだろう。設備も大上段にリストラをやるというのではなく、着実に手を打ってきた。（リストラを）やると言えば株価も上がるだろうが、これまで通り着実に進めていく。（グループの）関東自動車工業は一部工場の閉鎖を決めたが、トヨタ本体はラインのやりくりなどで対応できる」

――トヨタのＲＯＥ（株主資本利益率）はゼネラル・モーターズ（ＧＭ）やフォー

ド・モーターに比べ低い。ニューヨーク、ロンドンの海外上場を控え、資本効率をどう高めるのか。

「原価低減しかないだろう。（欧州向け戦略小型車の）「ヤリス」（日本名ヴィッツ）では大幅な原価低減に成功した。まだまだ原価低減をやれる余地はあるだろう」

――さくら銀行、東海銀行の増資に応じた。金融再編の嵐のなかで、両行との関係は今後どうなるか。

「取引などの面でトヨタとの関係は薄い。むしろ傘下のディーラーや部品メーカーなどとの取引があるため、増資を引き受けた。今後も、それ相応のおつき合いはするが、それ以上はない」

――金融界で日本興業銀行、第一勧業銀行、富士銀行の大型再編が決まった。

「来るべきものが来たという感じで、特段の驚きはない。（外資の攻勢のなかで）数年前から議論されてきたことが現実になってきているだけだと思う」

第1章

生き残りかけた
新しい経営の模索

1　三つの座標軸

国内最大かつ「最強」の製造業、トヨタ自動車。世界の自動車市場、さらには国際社会のなかでその影響力は増している。「三河モンロー主義」を揶揄《やゆ》されたのも今は昔。トヨタ自身の姿勢も大きく変化している。

だが、「巨人」になった分、企業行動に対する社会的制約は大きくなり、課せられたハードルは高い。国内シェア低下に象徴されるように、トヨタの特徴だった〝がむしゃらに攻める強さ〟も失われつつあるように見える。大企業は恐竜のように滅びずに済むのか。トヨタが模索する新しい経営は、この疑問に対する答えにもなる。

国際社会を意識

一九九八年六月十一日、米国ワシントン。トヨタ社長（当時）の奥田碩はルービン財務長官（同）と会っていた。奥田からの申し入れにルービン長官が応じた。席上、ルービン長官は奥田にこう要請したという。

「日本の金融機関が抱える不良債権問題を解決するため、産業界も力を発揮してほしい」

前日の十日、米国オハイオ州シンシナティのホテルの一室。豊田章一郎会長（同）を筆頭にしたトヨタの経営幹部がボルカー前米連邦準備理事会（ＦＲＢ）議長など世界の有識者と向かい合っていた。トヨタの経営に世界的な視点から助言を得るため設けた「インターナショナル・アドバイザリー・ボード」の四回目の会合だ。

出席者の一人からこんな質問が飛んだ。

「トヨタは二兆五千億円を超える膨大な余剰資金をどう運用しているのか。もっと株主に還元してもいいのでは」

ここ数年、トヨタは国際社会を強く意識し始めるとともに、積極的に情報を受発信するようになった。九七年一月に英国で奥田が「英国が通貨統合に加わらないのなら投資を見直すこともある」と発言、国際的に話題を呼んだことは記憶に新しい。

国際社会を意識する過程で、トヨタは大きく三つの点で座標軸を動かした。

その第一が海外戦略だ。

「販売地域に近いところで生産体制を整える」（章一郎氏）ことを基本に据え、矢継ぎ早に手を打ち始めた。九七年八月、インドでの合弁生産を発表。同十二月にはフランスでの欧州第二工場建設、九八年一月には英国と米国でのエンジン工場拡張の計画を表明。さらに同四月には、米国で乗用車の生産拡大を発表した。

合計すると、わずか一年の間に三千億円近くの海外投資を表明したことになる。

第二の座標軸転換は環境対策。九六年四月に「トヨタ環境取り組みプラン」を策定、排

図表1－1●トヨタ自動車の海外での主な新規生産計画

	所在地	生産品目	生産開始
車両生産	米国インディアナ州インディアナポリス	Ｔ　100後継モデルの新型車	2000年秋＝年５万台
車両生産	英国ダービー州バーナストン	第２工場　カローラリフトバック	98年秋＝年10万台
車両生産	フランス・ノール県バランシエンヌ	新型小型乗用車	2001年初頭＝年15万台
車両生産	インド・バンガロール市ビダディ地区	インド専用多目的車	99年末＝年５万台
エンジン生産	米国ウエストバージニア州バッファロー	Ｖ６・3000ccエンジン	2000年初頭＝年20万基
エンジン生産	英国フリント州ディーサイド	カローラ用エンジン	99年末＝年10万基
エンジン生産	同　上	1000～1300ccエンジン	2001年＝年15万～20万基

出ガス低減やクリーンエネルギー車の開発など二十項目をあげ、具体的な目標を示した。「努力」の次元から、「実行」の段階へと踏み出したものだ。

株主、顧客を重視

九七年に発表した世界初のハイブリッド（ガソリンエンジン・電気モーター併用）乗用車「プリウス」は、トヨタの環境への取り組みを象徴する。一台二百十五万円という「赤字覚悟」（トヨタ役員）の価格設定は、「もうかる車しか作らない」と言われてきたこれまでと一線を画した。消費者に対し、環境分野でトヨタが先行していることを強く印象付けた。

三番目の転換は株主重視の経営だ。奥田は「株主への利益還元と、株主資本利益率

図表1-2●トヨタの世界販売

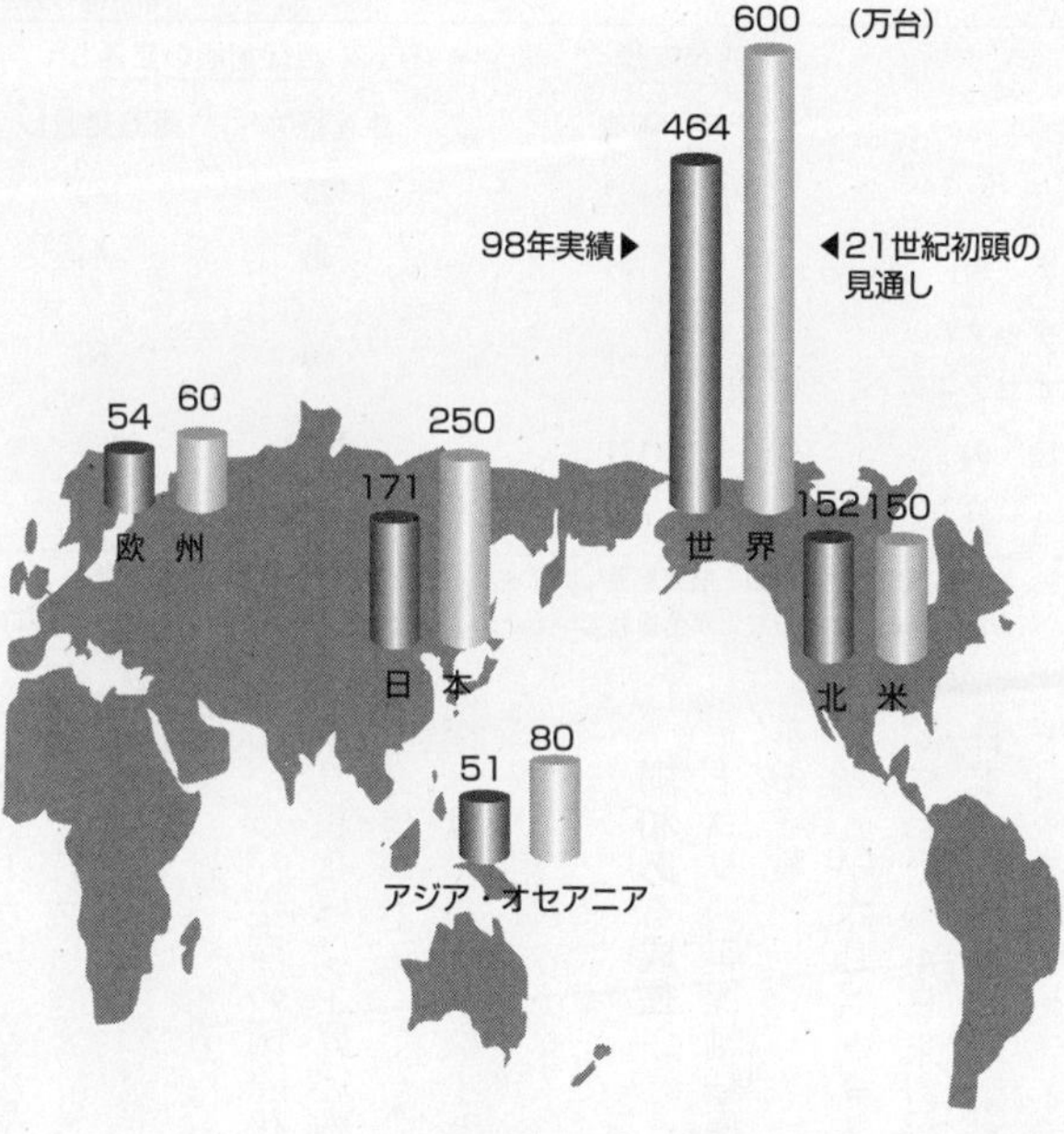

(ROE)など財務指標の改善」を打ち出している。

九八年三月期までに三年連続、合計三千億円にのぼる自社株の買い入れ消却を実施。五兆円弱と、ゼネラル・モーターズ(GM)などビッグスリーに比べても大きすぎる株主資本の圧縮を進めている。

配当も年十九円が続いていたのを九七年三月期は二十二円に、九八年三月期は二十三円に引き上げた。「配当と自社株買いを合わせれば、九八年三月期では当期利益の半分近くを株主

図表1-3●トヨタの海外での生産と販売

（単位＝万台）

	1998年実績		21世紀初頭の見通し	
	生産	販売	生産能力	販売見通し
北米	96	152	125	150
欧州	18	54	40	60
アジア・オセアニア	23	51	60	80
国内	317	171	350	250
合計	463	464	600	600

（注）21世紀初頭の生産能力、販売見通しは発表済みの新規生産計画などから推計。
合計は南米・中近東などが含まれているため、上記地域別を足した数とは一致しない

に還元した」（大木島巌副社長、当時）。当面は、「ROEを一〇％に近づける」のが目標だ。

ただ、株主への還元のために膨大な余剰資金に手をつけるつもりはない。「業界の環境は激変している。生産の国際化や環境への対応に積極的に取り組むには手厚い内部留保で経営の自由度を保つ必要がある」（大木島氏）からだ。欧米流に近づきはするが、株主との関係では独自の基準作りに取り組む。

調和ある成長

トヨタの座標軸転換のきっかけは、九五年にさかのぼる。

九五年六月、トヨタは窮地に立っていた。二年間にわたった日米自動車交渉が暗礁に乗り上げ、日本メーカーに対する制裁発動が目前に迫った。米国の標的はトヨタ。交渉が決裂すれば、トヨタ

は米国で最も利益率の高い高級車「レクサス」に一〇〇%の関税を課せられる恐れがあった。

当時、豊田達郎社長は病気療養中で、経団連会長でもある章一郎会長にすべてがゆだねられた。章一郎氏は日米の政府間交渉がこう着状態にあるなか、打開の道をさぐるため当時のモンデール駐日大使と会談。可能な限りの海外生産を盛り込んだ自主計画「新国際ビジネスプラン」を策定、制裁回避に導いた。

このとき、章一郎氏は愛知県豊田市のトヨタ本社と米国大使館をヘリコプターで二回も行き来したという。さらに、記者会見の席でトヨタは「プラン達成に全力を傾注する」と表明し、再び国内に逃げ込む退路を自ら断った。

その二カ月後の八月、達郎社長の後任に奥田が就任、「強さの復活」と同時に、「もうけても批判されない徳のある会社」を掲げ、積極経営に転じた。以後の、トヨタの経営からは受け身の姿勢が影をひそめ、自己責任の範囲で、自助努力により課題に挑む姿勢が鮮明になった。

八〇年代のトヨタの戦略は世界市場でシェア一〇%を目指す「グローバル10」。それがいまは、世界的視点からの「調和ある成長」に切り替わった。具体的には海外での現地生産・調達の推進を通じた地域還元、環境対応の加速を通じた社会貢献、そして従来より株主を重視した経営だ。

しかし、座標軸転換の反作用として国内生産の減少など多くの課題が待ち受ける。トヨタはその解決にも正面から立ち向かわなくてはならない。現在の世界の環境を指して、奥田は「パラ・コンペティション（超競争）」と表現する。その「パラ」には耐えるという意味も込められている。巨人は、退路なき「王道」を歩み始めている。

2　揺らぐ販売システム

新店舗網スタート

「訪販のトヨタで売っているのに店頭販売に特化したら自分の首を絞めるだけだ」。一九九八年四月、トヨタ自動車系の販売店「オート」チャネルの店主の集まりであるディーラー代表者会議が、名古屋市で開かれた。この会議の場で、オート店担当の笹津恭士取締役は営業第一線からの激しい突き上げを受けた。笹津氏は「ネッツ店がトヨタの将来を担っている」と繰り返し、説得に努めた。

ネッツ店というのは、これまでのオート店の名称を変えて九八年八月に誕生した新しい販売店網。トヨタが弱かった若者、女性向けチャネルとしての特色を明確に打ち出すため店舗の外観イメージを一新、早朝や夜間、休日も店を開ける。営業スタッフはノートパソコンを持ち、即座に在庫情報などを提供するが、来店客の要望がなければ必要以上に話しかけない。

最も大きな特徴は、トヨタが得意としてきた訪問販売をできるだけ絞り込むことだ。店頭販売への特化により、「ハブ」と呼ぶ大型店では、営業スタッフの増加を抑えながら一店当たりの平均販売台数を月六十台と既存店の二倍に引き上げる。ハブは二〇〇一年までに全国四十カ所に広げる。

新店舗網スタートに当たって、トヨタは販売店に「お土産」を渡した。九八年秋発売のスポーツセダン「アルテッツァ」をネッツ店専売とし、九九年一月発売の戦略小型車「ヴィッツ」も扱わせるというものだった。

東京・世田谷。若者向けのスポットが並ぶ三軒茶屋駅の近くで、トヨタ東京オート（東京、平瀬貞人社長）若林営業所の改装工事が始まった。隣接する用地を取得、九八年八月には延べ床面積二千七百平方メートル、展示台数二十台の大型販売店がオープンした。

これと同じようなタイプの店が同時期に全国に誕生、ディーラー内に異論を残しながらも、ネッツ店は始動した。

高い流通コスト

地域に根差した有力地場ディーラーを抱え、圧倒的な資金力と人海戦術で常に他社を凌駕《りょうが》する――。これが国内での「販売のトヨタ」を支えるビジネスモデルだった。それがいま、大きく揺らいでいる。国内販売シェアが九八年まで四〇%に手が届かず苦戦したのは、本田技研工業や輸入車の勢力拡大だけが理由ではない。消費構造の大きな変化に、トヨタの販売システムが追い付いていないのである。

値引きや訪問販売につぎ込む資金は従来、量産効果によるコスト削減で稼ぎ出していた。販売にコストがかかっても量を稼げばもうかる時代が続いてきた。しかし、これからの購買層の主力となる二十―三十歳代は、どんなに強引に売り込んでも、欲しくない商品には食指を動かさない。国内市場の低調ぶりは不況のせいばかりではない。

気が付けば、高コスト体質だけが残された。メリルリンチ証券の中西孝樹シニアアナリストは「車一台当たりに占める流通コストの割合はトヨタで三五―四〇%に達する」と指摘する。米国メーカーより一〇ポイント前後高い。トヨタ系といえども、メーカーからの販売奨励金などの支えがなければ、経営が行き詰まるディーラーは潜在的に増えている。

輸入車が為替相場の変化で勢いを増し、より合理的な販売システムを確立すれば、トヨタの販売システムは危機に直面する。また、国内の新車在庫がだぶつくなかで、中古車業者などによる既存のディーラーを経由しない「ゲリラ商法」が幅を利かせ始めている、という問題もある。

トヨタも、こうした問題に気が付いている。訪販という過去の成功パターンを否定した「ネッツ店」の展開は、現状打開策の一つであった。さらに、自立できないディーラーにもメスを入れようとしている。

矢継ぎ早の改革策

「具体的な改善目標を達成する意志がないか、または困難と判断した場合、乙（販売店）の主たる責任地域を変更、もしくは乙以外のトヨタ販売店が乙の主たる責任地域で新たに営業を始めることを認める」

九八年初め、豊田章一郎会長（当時）ら首脳と全国三百九社のディーラートップが交わした契約書には、こんな刺激的な表現がちりばめられた。

ディーラーに支給する販売奨励金（インセンティブ）の削減にも乗り出した。奨励金含みの値引きで販売を増やしてきたディーラーは窮地に追い込まれる。顧客満足度（CS）の評価制度も導入、評価の低いディーラーには改善を促す。

「トヨタ・バイ・テルを研究せよ」——。

栗岡完爾副社長（当時、現・千代田火災海上保険会長）は、営業部門にこんな指令を発した。米国で勢力を伸ばすインターネットを使った自動車販売仲介会社、オート・バイ・テルをもじったものだ。係長クラスの社員を中心とする視察団が何度も米国の流通革命の現場に出かけ、ネット販売の実情を視察している。

東京・臨海副都心の商業・アミューズメント施設「パレットタウン」には、全車種をそろえ、一・二キロメートルの試乗コースを備えた大規模な総合展示場「メガ・ウェブ」を設けるかと思えば、コンビニ店頭のマルチメディア端末「GAZOO（ガズー）」を通じて新車情報の提供、車検などの受け付けサービスの実験を始めた。

将来に対する危機感をバックにした改革案を、トヨタは矢継ぎ早に打ち出している。しかし、ネッツ店をはじめ、その成否を判断するにはもう少し時間が必要だ。

一つの仕組みが制度疲労を起こせば、それまでの強みが一気に弱みに転じ、最も強かった者が変化に出遅れる。新たな成功モデルを作るには、これまでのトヨタの強さを真っ向から否定する勇気も求められている。

3　攻守鮮明の資本戦略

世界相手に「手を出すな」

一九九八年五月二十七日、東京・お台場のホテル日航東京。臨海副都心の一面に新設する総合展示施設の着工パーティーで、奥田は多くの記者に取り囲まれていた。

＊　＊　＊　＊　＊

——ダイハツ工業、日野自動車工業への出資比率を引き上げる？

「そのように考えているよ。時期は決めてないけど」

──どこまで？

「上限はマジョリティーとなる五〇％超だ」

──合併は？

「それは考えていない」

──一気に買い増す？

「日本ではドラスチックなやり方はなじまない。でも徐々に買い増して（子会社となる）雰囲気を醸成するのは必要だ」

＊　＊　＊　＊

時に笑顔を交えた受け答え。だが、話している内容は刺激的だ。要は、「（もともとはトヨタグループではなかった）ダイハツと日野自工を、やがて子会社にする」という意味だからである。

奥田がこのタイミングで踏み込んだ発言をした意図は何か。きっかけは九八年五月初めのドイツ、ダイムラー・ベンツと米国クライスラーの合併と、これに続くダイムラーによる日産ディーゼル買収の報道にあった。

世界の自動車業界の主要プレーヤー同士であるダイムラーとクライスラーの合併。その衝撃の度合いは、八二年に実現したトヨタとゼネラル・モーターズ（GM）の提携以来と言える。

しかも、両社とも「複数の別の会社と並行して合併を模索していた」（自動車業界アナリスト）とされる。折しも、日本経済は円安と株安。「海外企業から見て日本の自動車メーカーはM&A（企業の合併・買収）の格好の標的になり得る」（奥田）。二十七日の奥田発言は、「トヨタのグループ企業には手を出すな」という世界のプレーヤーに向けたメッセージだったと言える。

実は、トヨタはここ数年、グループ会社への出資比率をじわじわと引き上げていた。ダイハツ、日野自工への出資拡大はその一環であり、ダイムラー・クライスラー合併という「事件」でスケジュールが繰り上げられたと見ることもできる。

グループ会社の離反を防ぐ

出資比率の操作によるトヨタの新しいグループ運営術を細かく分析すると、「攻め」と「守り」の戦略に分類できる。

「攻め」の対象は新規事業分野。長期的に見て必要となる事業や技術を買う戦略だ。九七年六月、約百億円を投じ住宅地図最大手、ゼンリン（北九州市）の株式五％を取得した。トヨタが進めている高度道路交通システム（ITS）の開発に、ゼンリンの持つ地図情報が不可欠と判断したためだ。

同九月に栃木県を本拠とする中堅住宅施工会社、ユーエスケー（宇都宮市、現・トヨタ

図表1-4●主なグループ企業へのトヨタの出資比率

<完成車メーカー>	出資比率	<車体メーカー>	出資比率
ダイハツ工業	51.2%	トヨタ車体	47.1%
日野自動車工業	20.1	関東自動車工業	49.0
<部品メーカー>		<商　　社>	
豊田自動織機製作所	24.7	豊田通商	22.7
アイシン精機	24.5	<通信・住宅など>	
デンソー	24.6	日本移動通信	62.8
豊田工機	24.8	トヨタデジタルクルーズ	60.0
豊田合成	42.5	トヨタメディアステーション	52.8
愛知製鋼	24.4	朝日航洋	75.9
豊田紡織	11.9	トヨタウッドユーホーム	45.4

(注) 出資比率は%、99年3月末時点。ユーエスケーへの出資はトヨタの子会社出資分も含む (98年6月末現在の比率)

ウッドユーホーム) を傘下に収めたのは、住宅事業の強化を意図してのこと。ヘリコプター運航会社の朝日航洋の買収や、テレウェイ (九八年末にKDDと合併)、日本移動通信 (IDO) など各種通信事業会社への出資や増資なども、この分類に入る。

一方、デンソーやアイシン精機などグループの中核部品メーカーに対する出資拡大は、いわば「守り」の戦略だ。株安、円安につけこんだ同業他社の資本介入を未然に防ぐ意味と、資金支援を通じて技術力向上を促す狙いがある。だが、同時に技術力をつけたグループ企業の離反を防ぐという意図も読みとれる。

部品メーカーの技術力はトヨタの製品力に直結する。特に今後の自動車生産は効率を高めるため部品の複合（モジュール）化に向かうとみられ、「その分、（デンソー、アイシンといった）中核部品メーカーの役割が重くなり、極端な話、トヨタ内の技術が空洞化する危険性もある」（池渕浩介トヨタ副社長）。部品モジュールがブラックボックス化する危険を、資本の関係で防ぐ必要もあるわけだ。

活力維持と両立

あまり知られていないが、トヨタと部品メーカーとの間にはすでに「他社販売申請制度」という取り決めがある。トヨタ車に採用されることを前提に各メーカーが開発した最新の部品を、今度は他社に売り込む場合は、トヨタにお伺いを立てなくてはならない制度だ。

ただ、こうした「縛り」を強めすぎると、中核部品メーカー各社の活力が失われる恐れがある。部品メーカーの活力維持と、トヨタによるコントロール維持という微妙なバランスを保つことが今後の課題となる。

ダイハツ、日野自工への出資比率の引き上げで守るのは、両社そのものであり、同時に軽自動車から大型トラックまでフルラインの車両を展開するメーカー（グループ）というトヨタの基本戦略自体でもある。

こうした基本戦略の先に見える将来像は何か。それは、持ち株会社を中核とした「トヨタ複合企業体」とも呼ぶべき姿だ。豊田章一郎氏は「うちは敵対的買収はしない」と明言する。トヨタは一つひとつ足元を固めながら、新しい企業グループへの脱皮を静かに進めている。

4 加速する開発スピード

イントラを活用

一九九七年末、トヨタはエンジン、電気モーター併用のハイブリッド車「プリウス」を世界に先駆けて発売した。販売台数は九九年六月までに累計二万六千五百台と好調。「環境のトヨタ」というイメージを消費者に与える副次的効果も生んでおり、いまやトヨタの戦略車だ。

しかし、開発の過程は綱渡りだった。開発陣の当初の目標は「燃費効率の五割向上」。ところが、奥田ら経営陣は「二倍にせよ」と厳命。デザインが決まった九六年九月から発売まで十五カ月の猶予しかなかった。要素技術が確立されていない状態で商品設計をするという、これまでにないスピードを要求された。開発がピークを迎えた九七年中ごろは休日なしの状態だったが、開発手法を大きく見直し、商品化にこぎ着けた。

開発を統括した内山田竹志取締役は「イントラネットを使ったメンバー間の情報交換が

ポイントになった」と振り返る。電子メールで開発の進捗状況を全面的に公開、問題解決にはメンバー全員の知識、ノウハウを動員した。この手法は、プリウス以降の新型車にも受け継がれている。

次世代の低公害車の本命とされる燃料電池電気自動車。実用化は二〇〇四年以降とされるが、技術担当役員は「奥田さんからは二〇〇三年までに量産しろとハッパをかけられている」と打ち明ける。

とにかく作ってみる

「こんな車が本当に走るようになるのかねえ」——。

九八年四月、愛知県豊田市の本社の一室に原寸大の樹脂モデルが十近く並んだ。突飛な造形、色使いで個性を主張するモデルからオーソドックスさをとことん追求したものまで様々。奥田はその一つひとつに手を触れ、じっと見入っていたという。

これらのモデルを作ったのは、奥田の直轄組織として九七年八月に発足したヴァーチャル・ベンチャー・カンパニー（ＶＶＣ）。原寸大モデルは一つで三千万円前後の費用が必要になり、通常であれば取締役の決裁が必要。これほどの短期間にいくつものモデルを作り出すのは本来、不可能だ。ＶＶＣの清水順三プレジデントは「議論は後回しで、とにかく作ってみることを優先した」と説明する。

ＶＶＣ設立のきっかけは、九七年初めの奥田の一言だった。若年層に弱いというトヨタの「穴」が徐々に広がってきたため、「事態は深刻だ。対応策を採れ」と号令を発した。各部署から係長クラスの社員七、八人が集められ、半年の検討期間を経て若者の町、東京・三軒茶屋にＶＶＣのオフィスが開設された。平均年齢三十五歳、総勢四十人が二十一世紀の商品、売り方、イメージ作りを模索する。

奥田はさらに、ＶＶＣに新たな宿題を課した。新型車一車種の開発に延べ百五十人が必要だと聞くと、清水氏に向かって「二十―三十人でやれないか」と真顔で迫ったという。

「なぜＶＶＣにできて、うちにはできないんだ」

トヨタのほかの商品企画、開発部門ではこんな声が出始めている。ＶＶＣの新しいやり方は、既存組織にも影響を与え始めている。

プリウスの開発やＶＶＣの設立で奥田が狙っているのは、開発業務のスピードアップだ。そのために、様々な形で「圧力」をかけている。圧力を感じた現場がそれに反応して、何らかの工夫をすることに期待しているようだ。

九五年一月十七日に発生した阪神大震災。当日の午後二時に現地の部品メーカーに向けて、トヨタの生産部門の救援隊が豊田市を出発した。ベースキャンプとなったダイハツ工業には十九日朝までに百人以上が集結した。九七年二月のアイシン精機の工場火災でも、火災発生から十日目にはトヨタの組み立てラインは通常生産に戻り、ライバルメーカーを驚かせた。

トヨタの生産部門のスピードは群を抜いている。それが、今日までの競争力の源となってきた。

危機感こそ「奥田流」の本質

ただ、変化に機敏に対応する「風土」は、豊田市とその周辺の生産部門にとどまり、ほかの部門では普通の大企業並みか、それ以下の状態になっていた。トヨタの正社員七万人強のうち、すでに二万人近くが愛知県外で働く。海外で採用する社員も急増している。超優良企業ともてはやされ、経団連会長会社にもなった。生産部門で培った風土が広がるどころか、希薄になる恐れもある。

奥田が「変化」「スピード」を繰り返し訴える理由はここにある。〝無理難題〟を投げ掛けることで、社内に危機感をあえて作り出そうとする。

奥田は「『不滅』という言葉が大嫌い」という。変わるリスクよりも変わらないリスクの方がはるかに大きいと考える。ただ、変わるきっかけは危機感からしか生まれない。危機をバネにビジネスモデルを柔軟に変え、必要ならば危機的状況を自ら演出する。それが、奥田流経営の本質なのかもしれない。

5 顧客本位へ進化する生産

カスタマーイン実現へ着々

必要なものを必要な時、必要なだけ生産する「ジャスト・イン・タイム」。機械の異常や不良が発生すると自ら止まる「自働化」。この二つの考え方を柱に、実際のモノのやりとりを「かんばん」で指示するトヨタ生産方式は、最も効率の良い生産方式として内外から高い評価を受けてきた。今日でもトヨタ自動車の強さの源泉である。そのトヨタ生産方式でいま、「カスタマーイン」と呼ばれる新しい試みが着々と進みつつある。

一九九八年五月に発売した新型車「プログレ」。「小さな高級車」をうたい文句とするこの車は、実はカスタマーインの試金石となる車でもある。

プログレにはエンジン排気量などで四つの基本タイプがあり、ボディーカラーは八色。その他十五種類程度のメーカーオプションを加えると、細かく分類すれば三百を超える種類が存在する。

にもかかわらず販売店は受注時に、顧客にこう説明できるようになった。

「お客様にご契約いただいた車は、今だとおよそ三週間先の○月×日以後なら納車できますが、いつお受け取りになりますか」

生産を担当するトヨタの元町工場（愛知県豊田市）が、この車について販売店にいつまでに納車できるかをほぼ確約できる体制を整えたからだ。

カスタマーインとは、顧客から受注した車を販売店に納めるまでの期日を責任をもって管理しようとする考え方だ。生産を統括した高橋朗副社長（現・デンソー会長）が九五年頃に提唱し、現在トヨタの全生産部門をあげて取り組んでいる。いわば顧客本位の生産体制。背景には「生産効率を追求してきた結果、顧客に届けることが二の次になっていた」（高橋氏）という反省がある。

実際、自動車販売の現場では、プログレのように細かく仕様を指定する必要のある車種については、メーカーが納車期日を約束できないケースがほとんどだった。契約時でも、特に地方の販売店は、「納車はだいたい一カ月くらい見てください」という対応を余儀なくされている。

カスタマーインを実現するため、トヨタの生産現場は大きく二つのことを推進した。その一つは、納車の期日を起点として逆算した生産計画の練り直しだ。

例えばツートンカラーの車の扱い。ツートンカラー車は塗装工程を二回通らなくてはならない。単色の車と同じ扱いをすれば当然、納期が遅れる。そこでツートンカラー車は通常より仕掛かりを早める。同時に、時間のかかる塗装工程では後にラインに乗っている単色の車を先に出せるような追い越しラインを設ける。すでに高岡工場など一部の工場では、こうしたラインの改善が実施されている。

手直し大幅減少

もう一つは、「直行率」の向上だ。直行率とはラインオフした車両のうち、最終的な手直しを必要としない車の比率のことを言う。不具合があって手直しが必要だと、それだけで半日や一日の遅れになる。例えば、北海道や九州で受注した車であれば、工場での半日遅れが配送計画にも響いて、納車が二日あるいは三日遅れになる可能性もある。直行率とは納期に直結する指標だ。

九二年十二月に生産を開始したトヨタ自動車九州の宮田工場（福岡県宮田町）。トヨタはこの工場に不具合の発生を大幅に抑える新しい組み立てラインを導入した。それまでの長く一本につながったラインを廃し、工程をダッシュボードやインパネ、エンジンルームなど機能別に十一に分割したのである。

各工程は約二十人で構成する作業チームが責任をもって運営、後の工程に渡す際に必ず品質確認をするという仕組みを作った。この結果、不具合の件数は従来のおよそ五分の一に低減されたうえ、生産性も一割程度向上した。宮田工場のこのラインは「自律型完結工程」と呼ばれる。トヨタは、この仕組みを新型車の生産ラインに順次適用し始めている。

高橋氏がカスタマーインを唱え始めたころは「各工場を平均した直行率はせいぜい七割

くらいだった」。だが、今日では「工場によっては九割を超えてきた。この様子なら、ほとんどの車種で納車期日を約束できるようになる」という。

踏襲される「創業の教え」

進化を続けるトヨタ生産方式。しかし一方で大きな事故や災害のたびに、システムがすぐに停止するぜい弱さを指摘されてきた。古くは七九年に発生した東名高速道路・日本坂トンネルの火災事故から、最近では九五年の阪神大震災、九七年のアイシン精機工場火災などがその例だ。

だが、トヨタの池渕浩介副社長は「トヨタ生産方式とは何かが足らない、どこかがおかしいというときに自律神経が働いて止まるべくして止まるシステム」と説明する。「それだけ在庫が少ないこと、新しいことが柔軟にできることを意味する」と言う。

カスタマーインの考え方は、これまでのトヨタ生産方式と「断絶」したものではない。例えば、「納車期日の確約」は、納車という最終工程から生産を逆算する仕組みと考えることができる。後工程が部品を引き取るというトヨタ生産方式の考え方を踏襲している。もう一つの「直行率の向上」が意味するところは、「ジャスト・イン・タイム」を説き、工程内で品質を作り込むことを推進したトヨタ自動車の創業者、故豊田喜一郎氏の教えそのものである。

図表1-5●トヨタ生産方式の基本概念

<ジャスト・イン・タイム>
必要なものを、必要なときに、必要な量だけ生産・運搬する仕組み・考え方。工程間の在庫をなくすとともに作業のムリ・ムラ・ムダをなくして生産現場の効率を高める

<後工程引き取り>
後工程が必要な物を必要な時に必要な量だけ前工程から引き取り、前工程は引き取られた分だけ生産する仕組み。「かんばん」はこれを実現する道具

<工程の流れ化>
工程内、工程間での物の停滞をなくし、一個流し生産を行うこと。これにより設備の段取り換え短縮と多工程持ち、多能工化の推進が可能になる

<平準化生産>
販売に結びついた物の種類と量を平均化して生産する体制。各工程の負荷のばらつきを減少させ、人と設備の効率をあげることが可能になる

<自働化>
機械の異常、不良の発生時に自ら止まる、仕組み・考え方。人手作業の組み立てラインにも応用され、異常や不良を見つけたら作業者自身がラインを止められるようになっている

<品質の工程内つくり込み>
異常や不良が発生したつど、自分たちの工程の悪さかげんを把握し、再発防止を図ること。後工程へ不良品が流れることを防止できる

<アンドン>
不良が発生したとき現場で即座に異常工程を指し示す電光表示灯で、管理・監督者へアクションを促すための情報の窓

<多工程持ち>
一人の技能工が異なる種類の機械設備の各作業を担当すること。自働化で技能工が機械設備を見張る必要がなくなったことから可能になった

出所：トヨタ自動車50年史「創造限りなく」より抜粋

トヨタ生産方式は、新しい仕組みをパッチワークのように織り込みながら進化していく。

6 「ケイレツ」は消えず

海外勢、続々進出

トヨタ本社のある愛知県豊田市の周辺がいま、海外の自動車部品メーカー大手の新たな集積地になろうとしている。米国フォード・モーター系で世界第二位の部品メーカー、ビステオンが市内に営業・サービス拠点「ビステオン・アジア・パシフィック愛知」を設置、二〇〇〇年末には独立系としては北米最大のデーナが、豊橋市に試作などを受け持つ「エンジニアリングセンター」をオープンする。米国のＴＲＷ、ＩＴＴなどの大手も、豊田市に近い豊橋市を中心に拠点作りの検討に入った。

トヨタが調達手続きの透明化を主眼に、本社敷地内に「サプライヤーズセンター」を開設したのは九八年四月。二十二億円を投じて建設した五階建てのビルのなかには、数多くのプレゼンテーションルームを備え、部品メーカーが新しい製品や技術をトヨタに提案する。ここに海外部品メーカーの社員が大挙してやってくる。

同年六月には英国ルーカス・バリティーの三十五人の技術者が四台の車両を持ち込み、

図表1-6●トヨタの海外製部品・資材購入額

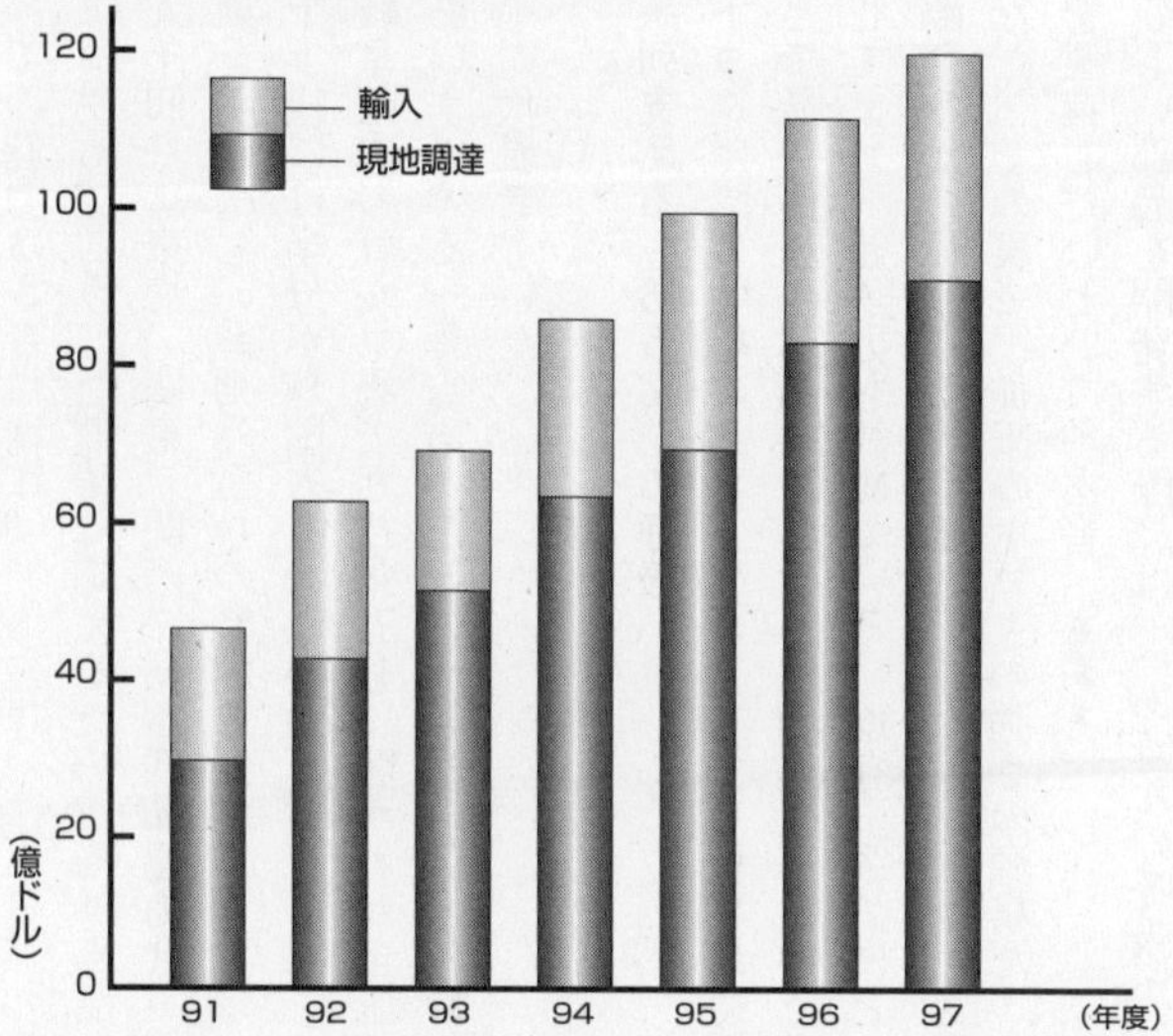

次世代ブレーキシステムなどの大規模デモンストレーションを実施した。会場には、トヨタの開発スタッフ約五百人が足を運んだ。

「トヨタは今後の海外展開で規模、スピードの両面ともに圧倒的な勢いと可能性を持つ」

デーナのウッディ・モーコット会長兼最高経営責任者（CEO）はこう期待する。事実、トヨタの海外からの部品・資材購入額（輸入と現地調達の合計）は九七年度で百二十一億六千万ドルと九一年度実績の二・五倍に達した。九七年に四百九十万台だった全世界の生産台数は二十一世紀初頭には六百万台に膨らみ、部品メーカーにとっての魅力はさらに増す。

トヨタも、こうした期待に応えるため、海外部品メーカーの受け皿作りを進めている。九九年四月に東海、関東、関西にある部品協力会「協豊会」を一本化したのを機に、入会規則を明確にし、系列外からの参加を促す。

「十年後には半分が外国人じゃないか」

岐阜県内のゴルフ場で九八年五月に開かれた全国協豊会ゴルフ大会。奥田が冗談めかしてあいさつする一幕もあったという。約二百人の参加者のなかには、すでに海外部品メーカーの代表者もいた。

系列支える「あうん」の呼吸

トヨタは購買戦略のスローガンとして「世界最適調達」を掲げる。品質、コスト、納期などで最も優れた部品を世界中から調達するという考えだ。海外部品大手は再編成を繰り返してコスト競争力を高めている。既存の系列にとらわれて割高な部品を買っていては、国際競争から振り落とされる。

ただ、その裏で、従来のトヨタの強さの源泉だった系列部品メーカーとの密接な取引関係を温存したいという「本音」もある。

新しい部品を開発する際には、「あうんの呼吸」で柔軟に対応できる系列メーカーの存在は欠かせない。部品がモジュール(複合)化し、車体との一体性が高まるなかで、系列との関係はむしろ強めなければならない。

「世界最適調達」を掲げ、車種ごとに最も安い部品を買えばコスト削減は可能になる。しかし、研究開発の蓄積ができず、次世代をにらんだ車作りは難しい。また、取引先が頻繁に変われば、かんばんを中心とするトヨタ生産方式はうまく機能しない。

「期待値」を義務づける

それでは、トヨタはどのような調達システムを目指しているのか。

トヨタには「期待値」と呼ぶ制度がある。部品メーカーに対してトヨタが望む価格や品質などを提示して順守を義務づけている。期待値を達成できるように、トヨタは部品メーカーに技術部隊を送り込んで徹底的に指導するうえ、開発費も相当部分を肩代わりする。期待値に達しなければ、発注はほかの部品メーカーに行く。ただ、徹底的な育成というステップを踏んでいる点が米国流とは違う。デーナのモーコット会長兼CEOが「米国でトヨタの系列企業になりたい」と言うのは、こうした事情を熟知しているからだ。

系列は解体するのか。

この問いに対するトヨタの答えは「ノー」だ。新しい取引先にも積極的に門戸を開いて競争原理を持ち込むが、「安くなってから買うのではなく、買って育てながらコストを下げていく」（蛇川忠暉副社長）姿勢はこれまで以上に強まる。ある証券アナリストは、「二兆五千億円の余裕資金を背景に、部品メーカー強化のための投資が増える」と予測する。

世界の自動車メーカーはこぞって部品取引のオープン化に動く。そのなかで、「オープンでフェアな取引と部品メーカーとの長期安定的共存共栄は両立できる」（大木島巌副社長、当時）。自動車の競争力を決定づける部品調達で、トヨタは、完全なオープンでもクローズでもない独自の道を歩き始めた。

7　城固めの切り札は豊田家

新世代を抜てき

一九九八年六月二十五日、豊田市の本社で開かれた株主総会。七人の新役員が誕生したが、そのなかでひときわ注目を集めたのが豊田周平氏。豊田英二名誉会長（当時、現最高顧問）の三男である。

周平氏は当時五十一歳で、最年少の役員だ。ＦＦ（前輪駆動）車を担当する第二開発センターのチーフエンジニアとして、トヨタの世界戦略車「ＮＢＣ」（ニュー・ベーシック・カー）」（その後「ヴィッツ」として発売）の開発を担当してきた。

総会後、周平氏は他の新役員らとともに名古屋市で恒例となっている会見に臨んだ。

——豊田家出身だから早く役員になれたと言われているが。

「それは私が決めたことではないので、私に聞かれても困る」

——奥田社長は「豊田家を尊重し役員にしたが、今後は全く公平に扱う」と言っている。

「それはおっしゃる通りだ。これからは二年ごとに再任されるかを心配しなくてはならなくなった」

＊　＊　＊　＊　＊

ときおりユーモアを交えた受け答えで、微妙な質問をかわした。

また九八年四月には豊田章一郎会長（当時）の長男、章男氏がゼネラル・モーターズ（GM）との合弁会社、NUMMI（ニュー・ユナイテッド・モーター・マニファクチャリング・インク、米国カリフォルニア州）副社長に就いた。章男氏は当時四十二歳。次長級資格からの合弁会社副社長就任は、抜てき人事といえる。

章一郎氏はその後米国を訪れた際、章男氏らを伴い、GMのジョン・スミス会長を表敬訪問している。

図表1-7●豊田ファミリー（抜粋）

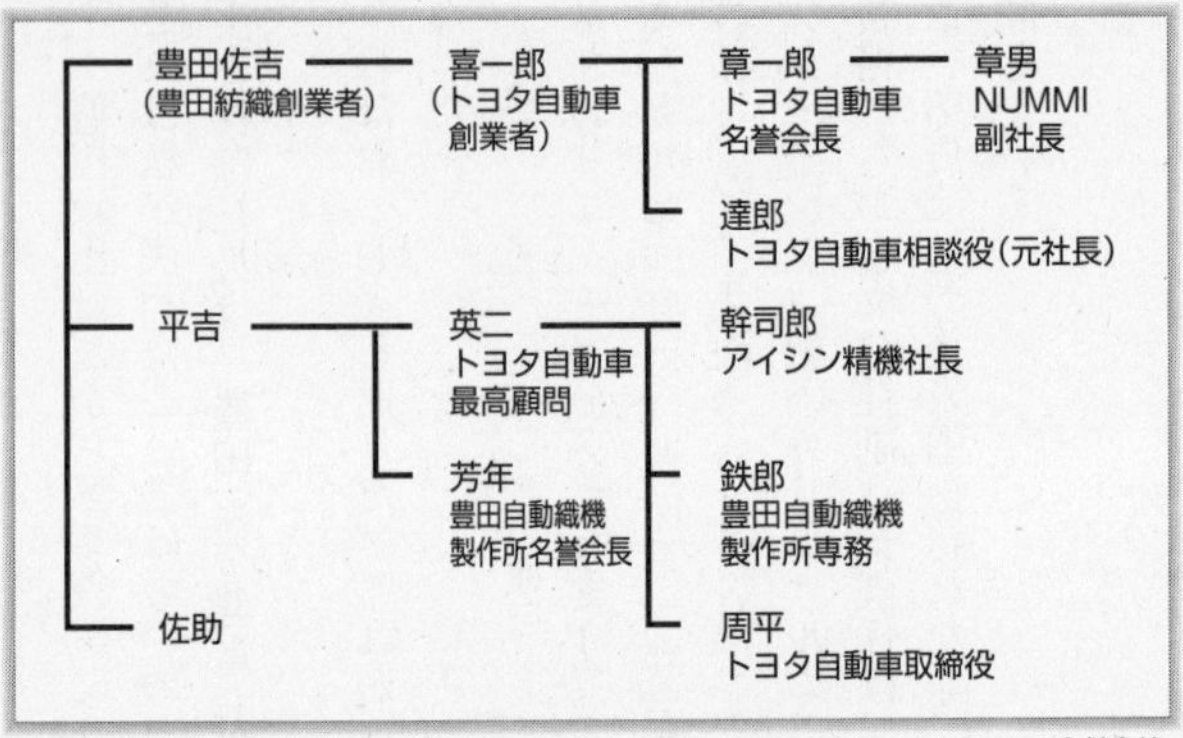

（注）敬称略、豊田佐吉氏、喜一郎氏以外の肩書きは現職。NUMMIはトヨタとGMとの合併会社、ニュー・ユナイテッド・モーター・マニュファクチャリングの略

「一枚岩経営」の要衝を担う

トヨタの経営は創業家である豊田家を抜きにしては語れない。今日のトヨタ発展の基礎を作った豊田英二氏、それを「世界のトヨタ」にした章一郎氏、そして兄章一郎氏を支え、その路線を継いだ達郎氏。しかし、達郎氏の後を受けた奥田が九九年六月で会長に就任、張富士夫氏が後継社長となったことで、「豊田家のトヨタ」は節目を迎えた。章一郎氏が名誉会長に退き、代表権を持つ豊田家出身の役員がいなくなったからだ。

しかしながら、あるトヨタ役員は「章一郎氏のトヨタ社内における重みは以前と変わることはないだろう」と予想する。古くからつきあいのある部品メーカーやディーラーの経営者にとっての精神的な支柱であり、トヨタは、その〝威光〟を今後も様々な局面で利用していこうと考えているフシさえある。

章一郎氏は経団連会長を務めた九四年からの四年間、表向きはトヨタの経営を奥田をはじめとする経営陣に任せ、社業とは一線を画した。しかしながら実際は、「章一郎氏は経団連の会長の間も、経営から離れたことは一度もない」(あるトヨタ役員)。人事はもちろん、海外進出、資本戦略、人事など重要な案件はすべて章一郎氏を経て決定された。社長時代の奥田も「会長はずっと、いろいろ口出ししているよ」と笑う。九八年七月、章一郎氏が経団連会長を退任後、初めて姿を見せた新車発表の会見でも、章一郎氏自身、「役割分担はこれまでと同じ。経団連会長を終え元に戻っただけで、変わったことは何もない」と話した。

ボトムアップで議論を尽くしたうえで最後に豊田家出身のトップが決定するのがトヨタの伝統的な意思決定方式だ。自動車業界では「決定のあとに議論が始まるのが日産自動車、一度決定されればすぐに一枚岩になるのがトヨタ」とも表現される。トヨタが一枚岩となるために果たしてきた豊田家の役割は大きい。

奥田はトヨタの伝統的な意思決定方式の中に、速さを求めてトップダウンを持ち込んだ。だが、それも「章一郎氏との呼吸を乱すようなものはなかった」(トヨタ系有力部品メーカー社長)。基本構造は変わっていないのだ。

組織固めに「豊田家」を活用

新しい世代の周平、章男両氏の人事についても、「トヨタの組織固めのために豊田家を活用する」という意図がうかがわれる。

例えば周平氏。第二開発センター長として「NBC」の開発を受け持ち、生産工場である高岡工場長も兼務する。開発と生産の兼務はトヨタでは異例。開発から生産に至るまでトータルでのコスト削減は二十一世紀に向けた課題の一つであり、その要のポストに周平氏を据えることで、開発・生産の連携をスムーズに始動させる狙いが込められている。「私をうまく使ってもらって、トヨタがよくなるのならそれでいい」。本人もその役割を自覚しているようだ。

また章男氏の人事は「トヨタ外交」の一翼を担う。トヨタとGMの間では一時、合弁解消をうわさされたことがあった。双方ともNUMMIを設立したころの当初の目的を果たしたという見方からだ。

しかし、自動車業界の世界的な合従連衡が始まるなか、トヨタにとってGMとの関係は大きな財産だ。両社の友好関係の象徴でもあるNUMMIの副社長に章男氏を送ることは、トヨタが「今後ともGMとの関係を大切にしていく」というメッセージになる。

トヨタの経営にとって「豊田家」は最大の戦略的カードといえる。同時に、切り札を出すタイミング、場所を誤れば、経営自体を揺さぶりかねない。創業家の求心力を活用するという「古いスタイル」が二十一世紀のビジネスモデルになるのかどうか、トヨタの行方を占う最大の注目点だ。

8　モノ作り支える金融力

金融収益は地銀並み

「債券の格付けの基準は償還能力でしょ。だとしたらうちは格下げされる覚えはない。日本の国と一緒にされては困る」――。

一九九八年七月十四日、東京都内で開かれたトヨタ自動車の記者懇談会。当時社長の奥田は不満をあらわにしていた。矛先は米国の格付け会社、ムーディーズ・インベスターズ・サービス。七月初めにトヨタの長期債の格付けを「Aaa」（トリプルA）から格下げの方向で検討すると発表したからだ。格付けで他の自動車会社との格差がつきすぎたのが見直しの理由とされる。だが、奥田には「いわれなき格下げ検討」との思いが強い。

総資金量約二兆三千七百億円。九九年三月期末でのトヨタの実績だ。総資金量は日産自動車の時価総額の二倍。金融収益を国内銀行の業務収益と比較すると、地銀中位行並みの規模になる。

トヨタは堅実な財務体質から「トヨタ銀行」と言われて久しい。そのトヨタがこのとこ

図表1-8●トヨタの期末総資金量と金融収益

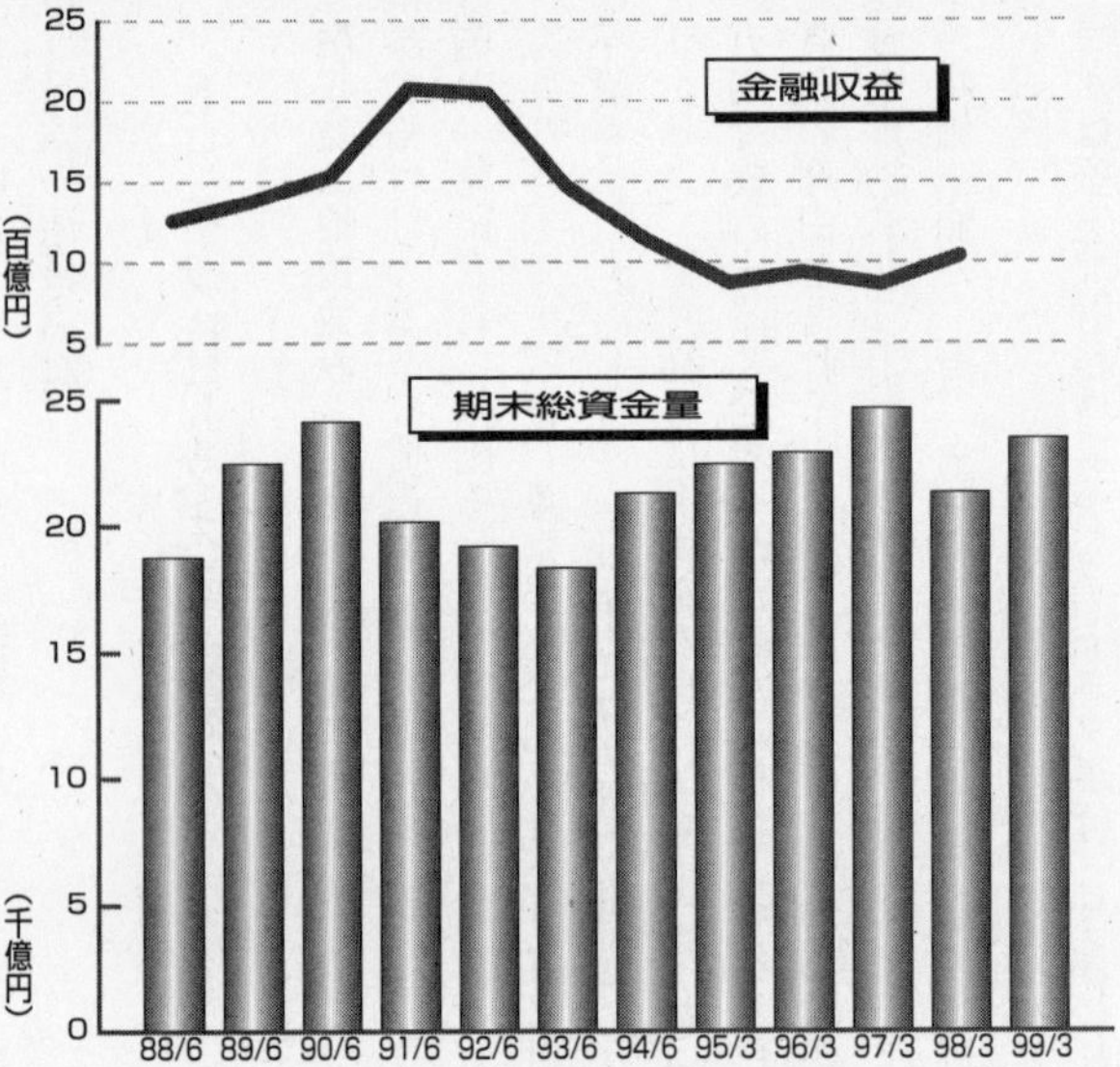

(注) 95年3月期の金融収益は決算期変更にともなう9カ月間実績

ろ、金融の世界で活発に動き始めている。

第一が自動車のローンやリースを組む販売金融の内外での強化だ。まず国内では、全額出資のトヨタファイナンスを通じ、自動車の購入者を対象とした残価設定ローンの販売に乗り出した。大型乗用車やRVを対象に「スーパーバリュープラン」などの商品名で展開、金利も銀行系ローンより低く設定しトヨタ車の販売を側面支援する。同プランは支払期間が三年間だが「今後はさらに長期の商品開発も手がける」(佐藤琢磨トヨタファイナンス社長）と、「品ぞろえ」拡充に意欲を見せる。

住宅ローンへの進出も前向きに検討している。トヨタの信用力を背景にトヨタファイナンスが社債を発行、住宅の購入者に貸し付ける。九九年春にノンバンク社債法（金融業者貸付業務社債発行法）が成立し、ノンバンクが社債を発行して得た資金を個人・企業に貸し付けることが認められたためで、トヨタの資金調達力を最大限生かして不振の住宅事業をテコ入れする狙いだ。

さらに、独自のクレジットカードも発行する予定だ。従来、ＪＣＢ、ＵＣカード、ミリオンカードなどとの提携で発行している「トヨタカード」があるが、電子マネーなど様々な決済機能を持ったＩＣカードに切り替えていく。割賦販売代金などの引き落としもできるようにし、幅広い層の消費者を囲い込んでいく。

海外では、続けざまに販売金融会社を設立している。英国、イタリア、フランスなどに新会社を設立し、九九年までにさらにスペインやブラジルなど約十カ国を新規に開拓する。トヨタの信用力を生かして現地で低コストの資金を調達、販売拡大につなげる。

自動車保険分野でも四〇％強を出資する千代田火災海上保険と共同で、トヨタ車を対象にした独自の商品開発に注力している。衝突安全ボディー「ＧＯＡ」を採用した車種に特定した「ゴア傷害保険」や、高級車「プログレ」を対象にした新型の傷害保険がそれだ。九八年三月には、国際証券の株式保有比率を八％から約一〇％に引き上げた。金融ビッグバン(大改革)をにらみ証券業に本格進出する布石との見方も広がった。「守り」でも、トヨタの金融は威力を発揮する。

取引先を手助け

こうした「攻めの金融」の一方で、部品メーカーや販売会社向けへの支援という「守り」でも、トヨタの金融は威力を発揮する。

九七年十一月に北海道拓殖銀行が破たんしたことに端を発し、北海道にある一部の販売店が資金繰りに行き詰まった。この際、トヨタはトヨタファイナンスを通じ、即座に無担保融資を実施している。

九八年には、取引先グループ企業の資金繰りを手助けする新しい手法も導入した。部品・車体メーカーがトヨタに対して持つ債権を特別目的の金融会社が買い取り、それを担保にコマーシャルペーパー(CP)を発行、市場から資金調達する仕組み。トヨタの高い信用力をもとに取引先が即座に資金を回収できるようにした。

デンソーやアイシン精機などグループ会社の転換社債を積極的に引き受け、これらグループ会社株を手放す金融機関があれば購入している。奥田は「二兆円の資金は今後、さらに多くのグループ会社の株式に化けることもある」と言う。

目指すは製造業を生かす金融

トヨタは、「世界最強のノンバンク」とされるGEキャピタルを傘下にもつ米国ゼネラル・エレクトリック（GE）のように、製造業という枠を超えて、本気で金融分野に進出を考えているのか。

実は一連のトヨタの金融面での活動からは、二つの意思が読みとれる。一つは「モノ作りを支援する金融の積極展開」。自社発行のクレジットカード計画も、住宅ローン進出の検討も、あくまで自動車や住宅という本業のサポートという位置づけだ。もうひとつは国内の金融事情が急速に不安定になるなかで「金融面でも自分の城、自分のグループは自ら守り抜く」という姿勢だ。大木島巌トヨタファイナンス会長は、金融分野でのトヨタの方向について「GEのようにはならない」と言い切る。あくまで製造業に足場を置き、それを支援する材料として資金を生かしていくつもりのようだ。

第2章

「資本の論理」映す グループ戦略

1 悲願のダイハツ子会社化

「情実の論理から資本の論理へ」――。新世代のリーダー、奥田碩のもとでトヨタ自動車は「三河モンロー主義」から、名実ともに日本を代表する世界企業へと舵を切った。もはや「オレお前」の関係で、三河周辺のグループ企業だけが結束し生きていける時代ではない。世界的な自動車再編が進むなか、兄弟分のダイハツ工業と日野自動車工業を子会社にする方針を打ち出し、二兆円を超える金融資産を生かして、様々な異業種企業の合併・買収(M&A)を仕掛けた。さらにはトヨタファイナンスを中核とした金融部門の強化も視野に入れている。奥田はグループ企業同士のヒト、モノ、カネの交流を進めることで、「世界のトヨタ」の地位を確固たるものにしようとしている。

力ずくの出資比率引き上げ

一九九八年八月二十八日、トヨタはダイハツ工業の発行済み株式の約一七%に当たる七千百四十五万株を公開買い付けすると発表。買い付けが完了した後、トヨタの出資比率は五一・二%となった。

六七年(昭和四十二年)の業務提携から三十一年。提携の当初は「兄弟」だったが、企業規模の差が開くのに伴いトヨタの出資比率が拡大。九五年九月には出資比率を一六・八%から一挙に三三・四%に高めるなど、名実ともに「親子」の関係に変化した。とりわけ奥田が社長に就任して以降の出資比率の引き上げ方は、半ば「力ずく」の観もあった。すでに社長を派遣し、議決権も行使できる会社を、あえて子会社としたトヨタの狙いは、長年の懸案である「開発の一体化」にある。

表面上は両社合意による円満な子会社化だが、両社の関係がこれまで常に良好だったわけではない。とくに最近のダイハツはトヨタにとって「気むずかしい子供」だった。

それは同じトヨタグループの日野自動車工業との関係と照らし合わせてみると、よりはっきりする。

老舗のプライド

トヨタがダイハツ、日野自動車と相次ぎ業務提携を結んだのは、日本が資本の自由化を決めた六〇年代後半だった。外資の本格参入に備えた業界再編の一環で、六六年には日産自動車とプリンス自動車工業が合併した。

日野の場合、「小型乗用車はやめる」という条件をのみ、トヨタに支援を求める形で業務提携が実現した。これに対しダイハツの場合は、「外資に対する共同の防波堤」という政府方針に沿った提携だった。そもそも自動車メーカーとしても、一九三〇年（昭和五

図表２－１●トヨタ自動車とダイハツ工業の関係

1967年11月	トヨタ自工、トヨタ自販、ダイハツ工業の３社で業務提携しトヨタ自工がダイハツ工業に資本参加
69年９月	ダイハツ、「トヨタ・パブリカ」の受託生産開始
73年10月	トヨタ自工、ダイハツ株式の７％を取得し筆頭株主に
81年７月	ダイハツ工業、ダイハツ自販が合併
95年９月	トヨタ自動車、ダイハツ株の買い増しを表明。出資比率を16.8%から33.4%に引き上げ
97年９月	トヨタ自動車、開発中の「ニューベーシックカー（ＮＢＣ)」(ヴィッツ）のエンジン生産をダイハツに委託
98年５月	トヨタ自動車、ダイハツが開発したリッターカー「ストーリア」をＯＥＭ販売する方針を表明
8月	トヨタ自動車、ダイハツ株の50%超を取得し子会社に

年）に三輪自動車（ダイハツ一号車）を発売したダイハツ（当時・発動機製造）の方がトヨタより老舗である。日野とダイハツとでは提携の意味合いが大きく違っていた。

これが今日にもつながっている。ダイハツ、日野とも関係の深いトヨタグループ企業のある幹部は、「一言で言えば、日野の技術者からはトヨタに助けてもらったという感じが伝わってくる。ダイハツの場合は、ちょっとつまずいた時に横から資本を入れられた、と考えているようだ」という。

提携を機に、大型商用車に特化した日野に対し、トヨタとダイハツでは明確な分業がなかったことも両社の関係を複雑にした。ダイハツは七七年にリッターカーの先駆けとなる小型乗用車「シャレード」を発売。これに自信を深めた社内では、トヨタと競合する小型乗用車分野の開発機運が高まっていく。

「聖域」をトヨタ色に染めろ

八九年夏、ダイハツは小型乗用車「アプローズ」を発売した。当時のトップは生え抜きで技術畑出身の大須賀二朗社長。アプローズは一〇〇％ダイハツの設計、トヨタの部品は流用しないという、ダイハツ技術陣の威信をかけた戦略車種になるはずだった。ところが発売直後、ラジエーターと自動変速機、ブレーキ油圧系統と燃料タンクとで相次いで欠陥が発覚。四千台近くのほとんどをリコールする羽目に陥る。さらに、千葉県では炎上事故まで起きた。

もともと「軽」という枠を超え登録車の領域に背伸びをすることには、トヨタの強い反発があった。アプローズの排気量は千六百ｃｃで「カローラ」と真っ向からぶつかる。トヨタにすれば「それ見たことか」である。

トヨタはダイハツの気むずかしさの根源は、プライドの高い開発部門にあるとみている。九五年にダイハツへの出資比率を一挙に引き上げた際、トヨタは共同開発を検討した。だが、「ダイハツは独立会社で、開発を一体化することは独立会社同士の競争を阻害する」と公正取引委員会が判断したとされ、開発陣の協力は見送りになった。

今回の子会社化で、この制約が解消される。独立してはいるが「トヨタの会社」になるからで、これまで独立性を保ってきたダイハツの開発部門をトヨタの開発部門と融合できるようになる。

子会社化の真の意味。それはどうやらダイハツの〝聖域〟をトヨタの色に染めることにあると見てよさそうだ。

2　持ち株会社視野に

「アジア」「環境」に照準

トヨタがダイハツ、日野自動車の両社に初めて資本参加したのは、一九六〇年代。業績が悪化した両社を傘下に収めることでトヨタも事業領域を拡張したが、基本的には「国内市場」をにらんだ救済色が強かった。その後、両社とも経営に対するある程度の独自性を維持していた。トヨタも「グループ企業とはいえ、自立してもらいたい」というのが本音だった。

これに対して奥田の社長就任以降、トヨタの両社に対する考え方は、はっきり変わったと言える。世界規模で自動車市場での競争が激化するなかで、「ダイハツ、日野も戦力として活用、一丸となって競争を勝ち抜く」という方針に転換した。トラックから軽自動車までのフルラインメーカーとなって、大競争時代に備えようというわけだ。

特に、トヨタが世界戦略のなかで重視しているキーワードは「アジア」と「環境」。両社を活用する可能性は広がる一方だ。

例えば、トヨタが出遅れている中国。ダイハツは天津汽車に対して小型乗用車「シャレード」の製造技術を供与（現在はトヨタが肩代わり）、中国に拠点を築いている。奥田は九五年の就任直後に中国との間を頻繁に往復、現地生産の可能性を探ったが、交渉は難航した。このためダイハツの拠点の重要性を再認識し、これが出資比率の引き上げにつながっているという。

ダイハツの軽自動車も日野のトラックも、今後のアジア戦略には欠かせない。また、環境技術面でも両社の車種は重要になる。海外進出も環境技術の開発にも巨額の投資が必要だ。

身内との連携

すでにトヨタは日野との連携具体化に動いている。本社工場で生産していた二トン級トラック「ダイナ」「トヨエース」の生産の大部分を、九九年に日野に移管した。大型車の分野は、大型トラックへの排ガス規制強化に対抗するためのエンジンや車体の開発に巨額の費用が必要とされる。トヨタとの間で技術的に掘り下げた協力関係が必要だ。

「出資比率を五〇％超にする」ことは、将来の持ち株会社制導入をにらんだものでもある。連結納税制度など法制面での整備が前提だが、乗用車部門も一体運営することで意思決定を速める。

九八年五月の決算役員会で、豊田章一郎会長（当時）は「自動車業界では大再編成が起こりつつある。トヨタとしてはグループの結束を強化し、いままで以上の努力をしてほしい」と、あえてグループという言葉を強調したという。派手な国際的な企業買収を意図せず、身内との連携強化を最優先するというあたり、いかにもトヨタらしい地に足のついた戦略と言えなくはない。

【奥田社長、ダイハツ・日野問題を語る】

九八年五月二十七日、東京・臨海副都心での集客施設着工記念パーティー会場で奥田は、ダイハツと日野への出資比率引き上げに関して記者団からの質問に答えている。主なやりとりは次の通りだった。

——ダイハツ工業、日野自動車工業の出資比率を引き上げるとの見方が出ているが。

「意図はもっと強い連携にしたいということだ」

——出資引き上げの時期は。

「時期についてはまったく決めていない。あくまで将来増やしていくという考えだし、そういう考え方は彼ら（ダイハツおよび日野自動車）も知っている」

——どこまで引き上げるのか。

「上限はマジョリティーを取ること。だから五〇％超までにしたい」

――吸収合併も視野にあるのか。

「別会社として運営する。取り込むことは考えていない」

――メリットは何か。

「人の交流と技術の交流だ。それをグループの強化につなげたい」

――両社の株を持っている金融機関などが売りたがっているのではないか。

「わからないが、銀行などから話がくれば株を買う」

――なぜ、一気に買い増ししないのか。

「日本の風習としてドラスチックな買収はなじまない。少しずつ買い増しながらやがてそうなる（子会社になる）という雰囲気を醸し出していくのが必要じゃないか」

――持ち株会社という考えはどうか。

「わが社に限らず日本の会社の多くはそうなっていくのではないか。税制の問題もあり、わが社も今はっきりとどうとは言えないが、構想はある」

3 ダイハツを発奮させたトヨタの〝圧力〟

「軽」で首位獲りを宣言

好調を続ける軽自動車市場で、最大手のスズキと二位のダイハツ工業がデッドヒートを繰り広げている。一九九八年の都道府県別シェアでは、ダイハツがスズキを抑えてトップに立ったのは三県だけだったが、九九年一―六月では十五道県でダイハツがスズキを上回った。悲願の首位取りに挑むダイハツの尻をたたいているのが、親会社となったトヨタ自動車の存在。ダイハツはスズキと戦うだけでなく、「資本の論理」を前面に押し出すトヨタとも神経戦を展開している。

九九年二月の販売は、トップシェアを二十七年間維持するスズキにとって薄氷を踏む展開だった。新車届け出の最終日まで三日残してダイハツが約百台差のトップに立ち、二日後にスズキが約四百台差で抜き返す。最終日の二十六日にスズキが一気に約一万六千台を届け出たのに対し、ダイハツは約一万二千台にとどまり、ようやく勝敗が決まった。

中身を見ると、両社の売り上げの接近ぶりは、一層はっきりする。ダイハツは乗用車感覚のキャブオーバーバン「アトレー」が好調で、この分野では二カ月連続でスズキの「エブリイ」に勝った。主力の背の高い乗用車「ムーブ」も好調で、スズキの大ヒット車「ワゴンR」との差を千台程度まで縮める健闘ぶりを見せる。

「新規格軽　御礼の会」――。ダイハツは九九年一月中旬、東京都内のホテルでモータージャーナリストらを招いた一大イベントを開いた。会場には新規格車が勢ぞろいし、豊住崟会長（当時）ら首脳陣が「シェアトップに迫るレベルをオールダイハツで達成する」とぶち上げた。九九年の販売計画は前年比一九・四％増の四十七万台。シェアにすれば二八・八％で前年を三ポイント強上回る。事実上の首位取り宣言と受け止める関係者も少なくない。

背景にトヨタの圧力

ダイハツの攻勢に、スズキも内心穏やかではない。一月には全国約三千社の副代理店大会を連日開催した。鈴木修社長はダイハツへの警戒をことさら強調することこそなかったが、二〇〇〇年の創立八十周年を前に、軽自動車で過去最高の年間五十六万台を販売する大号令をかけた。鈴木社長はいつものように、スズキ車を売る業販店関係者の手を握り「頑張ってよ」と声をかけて回った。

ダイハツが軽販売でダッシュをきかせる直接の引き金は、九八年十月の新規格車発売。新宮威一社長は新規格車投入前から「背水の陣で臨む」と社内で檄《げき》を飛ばしていた。いち早く全国のディーラーに試作車を見せて回り、業界内では「新規格車商戦でダイハツの出足が早い」とささやかれた。

だが、新規格車への切り替えだけではダイハツの社内に充満する危機感を説明できない。ダイハツを駆り立てているのは、トヨタの無言の圧力だろう。

トヨタは九八年九月、ダイハツへの出資比率を従来の約三三%から五一%に引き上げ、子会社化した。日野自動車工業へも出資比率を高めるトヨタが描くのは、グループの一体性を高める「持ち株会社構想」。排気量千cc以上はトヨタが担当、ダイハツは小型車開発で接点を保ちながら、軽自動車に特化するすみ分け戦略だ。極言すれば、ダイハツは得意の軽市場で上を目指すしか道がなくなった。

「シェア四〇%を目指すトヨタグループにあって、軽でも四〇%を目指さなければ、株を売ってしまうぞと言われかねない」。新宮社長はそう言って笑う。

トヨタは「資本の論理」を裏付けるような戦略モデルも投入した。九九年一月にネッツ系列で販売を開始したリッターカー「ヴィッツ」だ。低価格の割に低燃費など高い品質が受け、二月の販売台数は一万台を突破した。ヴィッツは「トヨタはいつでも高品質・低価格の小さな車を作れる」という無言の圧力となって、ダイハツにのしかかった。

ダイハツはエンジン開発などでトヨタとの関係を強めたが、販売面では新規格の軽自動車と競合するとの声が業界でも強い。ダイハツ幹部が「トヨタの小型車とはユーザー層が違い、競合はしない」と言い切るのは、裏返せば、「トヨタの領域には踏み込みません」

というすみ分け受け入れ宣言ともとれる。

ダイハツはトヨタの後ろ盾で軽販売に注力する道を見定めたようだ。スズキとダイハツのデッドヒートも、視点を変えれば〝トヨタの手のひらの上〟で展開されていると言うこともできる。

4　日野、背水の「工販合併」

生き残りへ最後の選択

「解雇という手段も避けられない厳しい状況。大を生かすために小を殺すことも仕方ない」（湯浅浩社長）
日野自動車工業は一九九九年二月十日、日野自動車販売（東京・港、竹田晃社長）と同年十月一日付で合併することを発表した。存続会社は日野自工で新社名は「日野自動車」。戦後最悪と言われるトラック不況のなかで、最大手の日野が合併を機にリストラを断行。さらにトヨタの子会社となることで財務面も強化されれば、総合トラックメーカーとして勝ち残りが見えてくる。
日野自工は三月、黒字化へ向けた合理化計画を公表した。九七年度には年間千三百億円あった固定費を二〇〇〇年度までに九百億円以下にする目標を設定した。正規従業員の解

図表2-2●日野自動車工業の業績

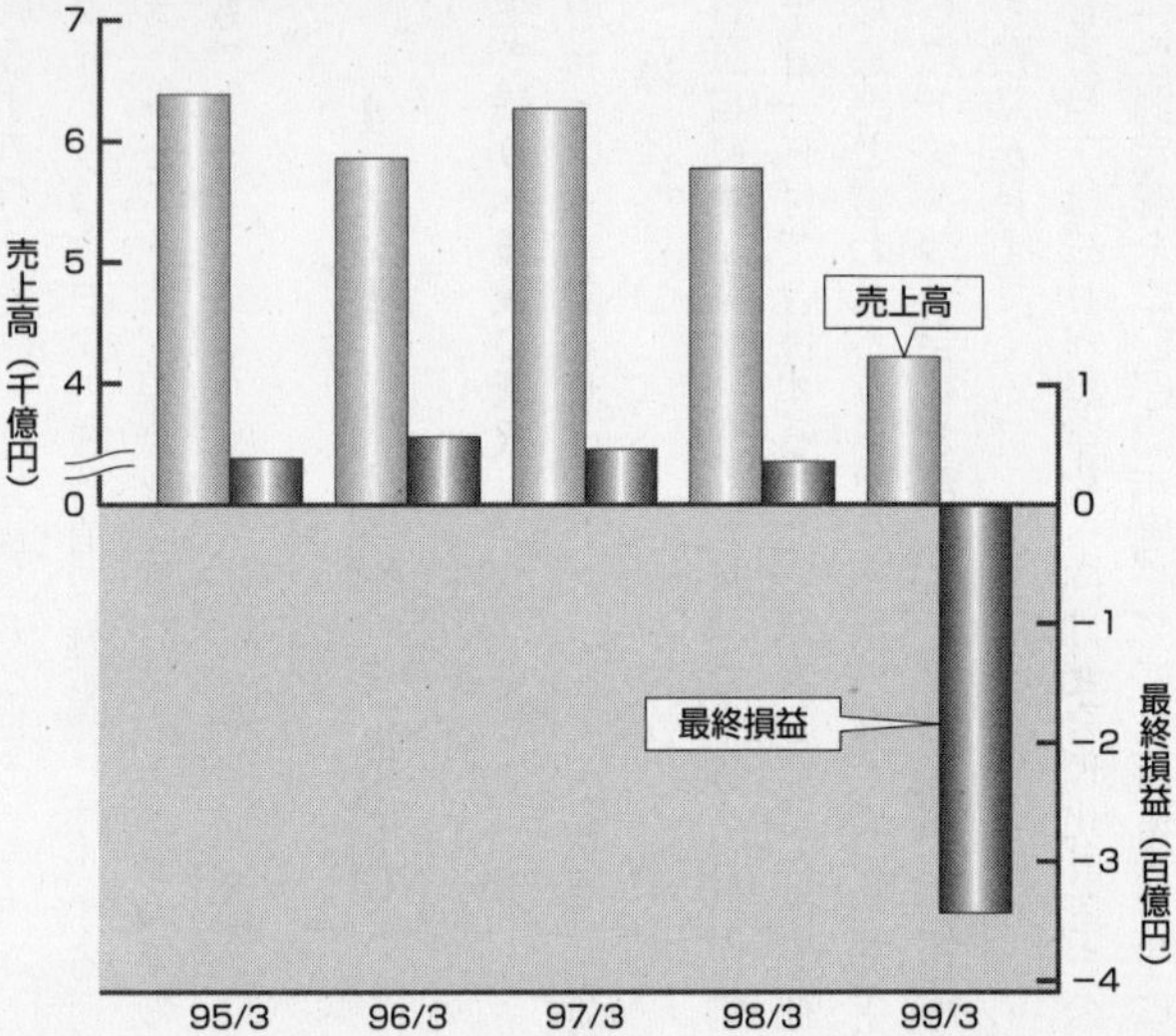

雇を含む人員削減も辞さない、聖域なきリストラを進める。

そうした合理化計画の中核に、工販合併は位置づけられる。製造、販売、そして管理面でコスト削減はさらに徹底されるだろう。

「九八年春ごろから、竹田社長と真剣に議論し始めた」。十年来の懸案とも言われた日野自工、自販の合併だが、会見した湯浅社長は交渉の端緒をこう語った。「合併は社長である自分に課せられた最大の仕事」と語っていた湯浅社長は、全国の販売会社を回り、根回しを秘密裏に進めた。

九八年暮れには「合併に向けての障害はなくなった。あとはタイミン

図表2-3●トヨタ自動車グループのトラック分野の開発・生産再編

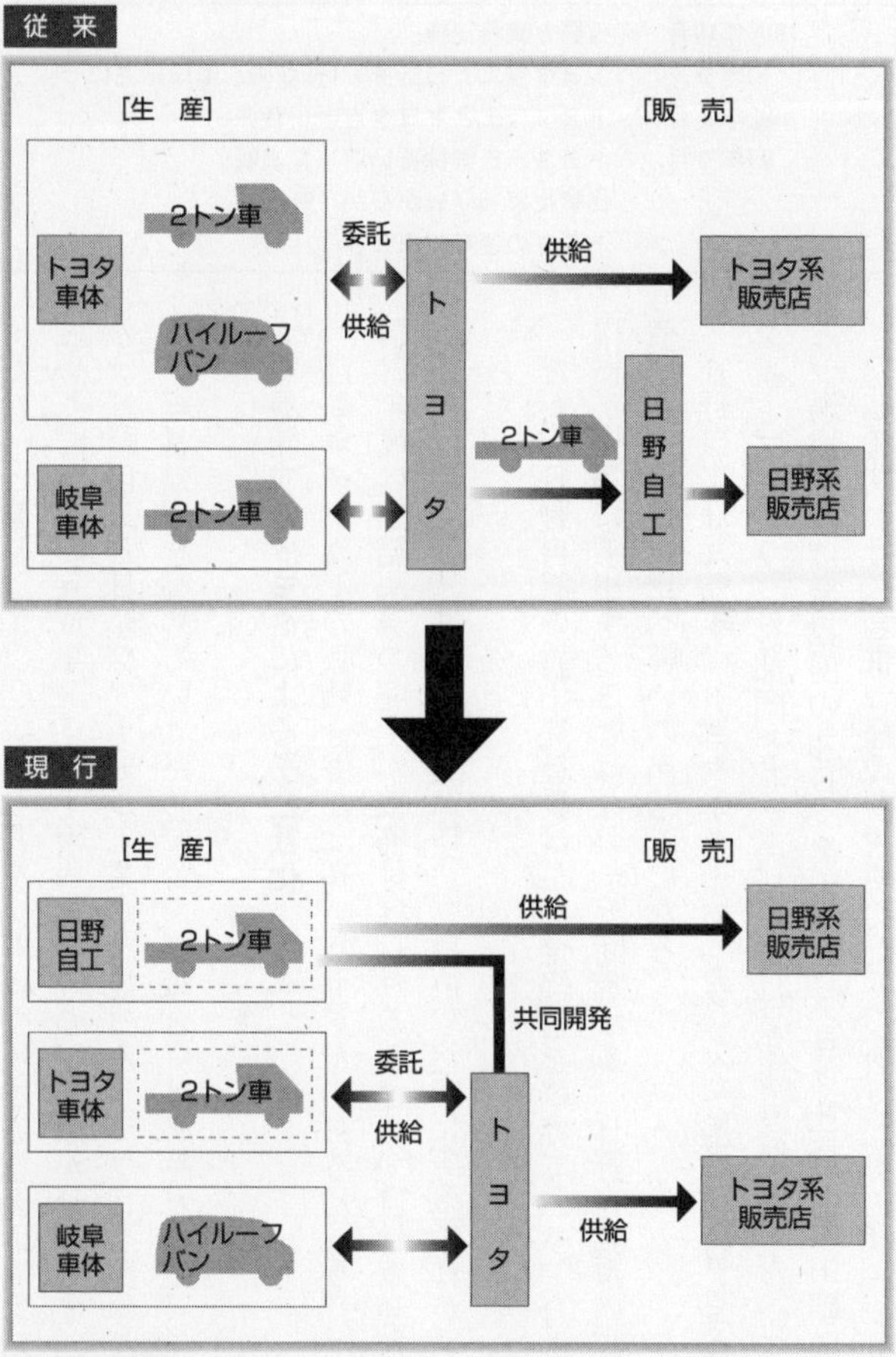

出所）「トヨタの概況」

図表2-4●トヨタ自動車の日野自動車工業への出資比率の推移

1966年10月	日野と業務提携
70年9月	トヨタ自工、日野株6.1%取得、筆頭株主に
82年7月	トヨタ自工とトヨタ自販が合弁
97年9月	トヨタ、日野株買い増しを表明 出資比率16.4%から20.1%へ トヨタの連結対象会社に

グだけ」と語り、二〇〇〇年三月をメドに実現する意気込みも示していた。日本の完成車メーカー十一社のうち、工販が分離しているのは日野自工と日産ディーゼル工業の二社のみ。デフレ不況のなかで、経営効率を高めていくためにも、工販合併は必然だった。

急展開するトヨタによる子会社化

自動車メーカーの販社合併には高いハードルがあるという。二〇〇〇年度に連結決算の開示が義務付けられることで、自動車会社の〝隠れ債務〟と呼ばれる販売会社への負債が表面化する恐れがあるからだ。

だが、日野自販の竹田晃社長は「健全経営を続けており、合併で累損が一気に噴出することはない」と断言する。日野自動車の販社債務が、他社に比べ軽いのが強みになる。

日野自工は九九年、トヨタから小型トラックの生産移管を受け、グループのトラック部門としての位置付けがより鮮明になっている。湯浅社長は発表前の九日、名古屋でトヨタ社長の奥田碩に会い、四時間かけて合併の経緯を説明した。この時、奥田は「トヨタの意向は一切関係ない。日野独自で合理化を進めるまでのこと」と語ったという。トヨタは将来の持ち株会社構想も視野に入れ、日野自工への出資比率を現在の二〇・一%から五〇%超に引き上げる方針を明らかにしている。工販合併はトヨタ自身も歩んだ道であり、日野自動車の子会社化の道筋がこれでついた。

5 資本の論理象徴した「さくら銀問題」

トヨタは引き受けず

さくら銀行の増資引受問題が一九九八年十一月二十日、ひとまず決着した。第三者割当増資と優先株発行で約三千五百億円を増資、これを三井グループ二十一社が引き受けた。これとは別に公的資金注入の申請も固まっていた。だが、意外なことにさくら銀行が緊急増資を表明して以来、有力な引受先として注目され続けてきたトヨタは増資に加わらなかった。両社の間でどんな綱引きがあったのか。

さくら銀行が発表した増資の内容は、総額八百六十二億円の第三者割当増資と、海外子会社を通じた二千六百億円の優先株発行。第三者割当増資は日本生命、三井生命、三井不動産、東京電力など三井グループを中心に二十一社が引受先になった。発表の席でさくら銀はトヨタについて「引き続き、引き受けを要請する」とだけ述べた。

一方、トヨタは同日、午後三時から奥田が出席して名古屋証券取引所で九八年九月中間決算を発表した。決算は、国内需要が低迷するも円安に支えられ、減収減益ながら利益は期初見込みを上回った。

戦後最悪と言われる景気のなかではまずまずの内容と言える。

だが、記者との質疑応答では、奥田にさくら銀行に関する質問が集中した。

＊　＊　＊　＊　＊

――さくら銀行の増資を引き受けなかったのはなぜか。

「今回は三井グループ中心で対応されたと聞いている。トヨタとしては（さくらに）公的資金の注入が可能になったことで対応の幅が広がったと理解している。追加的に増資の必要性があるなら検討する」

――優先株の引き受けは。

「要請が来てみないとわからない」

――具体的な金額の要請はなかったのか。

「公的資金の導入が決まる以前にはいろいろあったが、決まってからはない」

＊　＊　＊　＊　＊

奥田発言を要約すれば、今回の増資については「トヨタが断ったのではなく、さくら銀行の方から要請がなかっただけ」ということになる。

事の真相はともかく、九八年八月末にさくら銀行の増資問題が表面化し、トヨタが引き受けに前向きな姿勢を示してから、この問題がトヨタを悩ませ続けたのは確かだ。理由は「さくら銀行の増資問題」のはずが、いつの間にか「トヨタの出資問題」へとすり替わってしまったからだ。

格下げ問題に波及

まず、九月二日には米国の有力格付け会社、スタンダード・アンド・プアーズ（S&P）がトヨタの国内社債の格付けで、「金融機関への支援措置を講じれば懸念が生じる可能性がある」と表明。格下げの可能性を示唆した。

さらに同九日には、さくら銀行支援にトヨタが千五百億円の出資を検討しているとの朝日新聞の報道が流れる。同日のトヨタ株は一気に百六十円も下落した。いずれも市場が出資を好感していないことをはっきりと示した。この間、トヨタは金融監督庁の検査結果待ちとして否定も肯定もせず、「何も決まっていない」という姿勢に終始した。

局面が大きく変化したのは十月十六日に公的資金の導入に道を開く金融早期健全化法案が成立してからだ。法案成立後の十月二十二日に今度は「トヨタがさくら銀行に一千億円を出資する」という報道が流れ、この日も株価が百六十五円値を下げた。関係者によると、奥田は不快感を隠さなかったという。

翌二十三日に開かれた政府の経済戦略会議のあと、奥田は「公的資金注入の枠組みができたのだから、さくら銀行への出資の意味は薄れた」と発言。さらに三十日の新車発表会では「さくら銀行は新法のもとで資本注入を検討していると聞いている」と述べ、民間による増資の前に公的資金注入があるべき、という姿勢を明確にした。

垣間見せる「奥田イズム」

こうしてみると、八月末のトヨタにとっての増資引き受け表明は、メーンバンクの危機を回避するための緊急手段以外の何ものでもなかったということになる。政府による公的資金注入の施策がはっきりしない間、二兆円余りの余資を抱えるトヨタがさくら銀行を支える姿勢を示すことで、信用を貸した格好だ。

公的資金注入の道が開けた後は、トヨタが増資を引き受ける大義名分はしぼんだ。結果的に、九九年三月には追加増資を引き受けたが、額は百億円にとどまった。

さくら銀行にトヨタが一時的に信用を貸したとみるならば、奥田の一連の発言はわかりやすくなる。「さくら銀行から具体的な要請はなかった」のは、この文脈からすれば当然のことだったようだ。

よく知られているように、トヨタはさくら銀行の前身、旧三井銀行に恩義がある。一九五〇年の労働争議による経営難を救ったのは、協調融資団を組んだ旧三井銀行だった。

九八年十月下旬ごろ、さくら銀行の増資をめぐりトヨタ首脳の発言が微妙に食い違った原因もそれだったと見ることができる。奥田が二十三日、増資引き受けを白紙に戻すとも聞こえる発言をしたのに対し、豊田章一郎会長（当時）は二十六日「白紙ではない。全部国に任せておけばよいわけではなく、自助努力も大事だ」と語った。

三十日の新車発表の記者会見でも、奥田は「金融二法が成立した前と後とで局面は違う。さくら銀行は新法に基づき資本注入の申請を検討中と聞いている」と述べ、引き受け見送りとも受け止められる発言をした。章一郎氏は「まだ何も決まっていない」と繰り返し、火消し役を演じた。

二人の「温度差」は、ビジネス面で納得できる理由を探す奥田と、旧三井銀行への歴史的な恩義をより重く感じる章一郎氏の、心情の食い違いがあったということではないか。「（持ち合いの崩れなど）いま起きているのは、情実から資本の論理への転換」と説く奥田イズムの一面を、ここからも垣間見ることができる。

6　関連事業も積極展開

本格化するカード事業

一九九九年七月、トヨタ自動車は二〇〇〇年にも独自のクレジットカード事業に進出、金融事業の中核に据える方針を固めた。自社カードは一〇〇%出資子会社のトヨタファイナンス（東京・港区）を通じて発行。現在、ジェーシービー（JCB）、ユーシーカード（UC）、ミリオンカードサービスとの提携で発行している「トヨタカード」を順次切り替えていく予定だ。カードが使える小売店数は一定規模を維持していく方針だが、与信や貸し倒れリスクはトヨタが負うことになる。

新カードは電子マネー機能などを付与した多機能カードとする方針。自動車保険料、割賦販売代金の支払いなども、カード口座からの引き落としでできるようにする。将来は、高速道路の料金自動支払いでの本人確認手段に使うなど、高度道路交通システム（ITS）対応の機能を搭載することも検討している。

九八年七月現在のトヨタカードの会員は、自動車メーカーの提携カードとしては国内最大の二百七十万人以上。買い物に応じて車両買い替え時の価格が割引になるなどの特典があるが、提携カードのため、トヨタにとっては購買動向など顧客情報の管理には役立っていない。自動車以外の様々なショッピングでも利用を見込めるほか、消費者の購買データも管理でき、嗜好に応じたマーケティングが可能になる。また、関連する自動車保険もカード経由で販売できる。

トヨタの九九年三月期連結決算における金融部門の営業利益は四百六十四億円にのぼるが、この大半が自動車の割賦販売による利益。トヨタは資金調達力を生かした住宅ローン

図表2-5●トヨタ自動車の主な金融事業

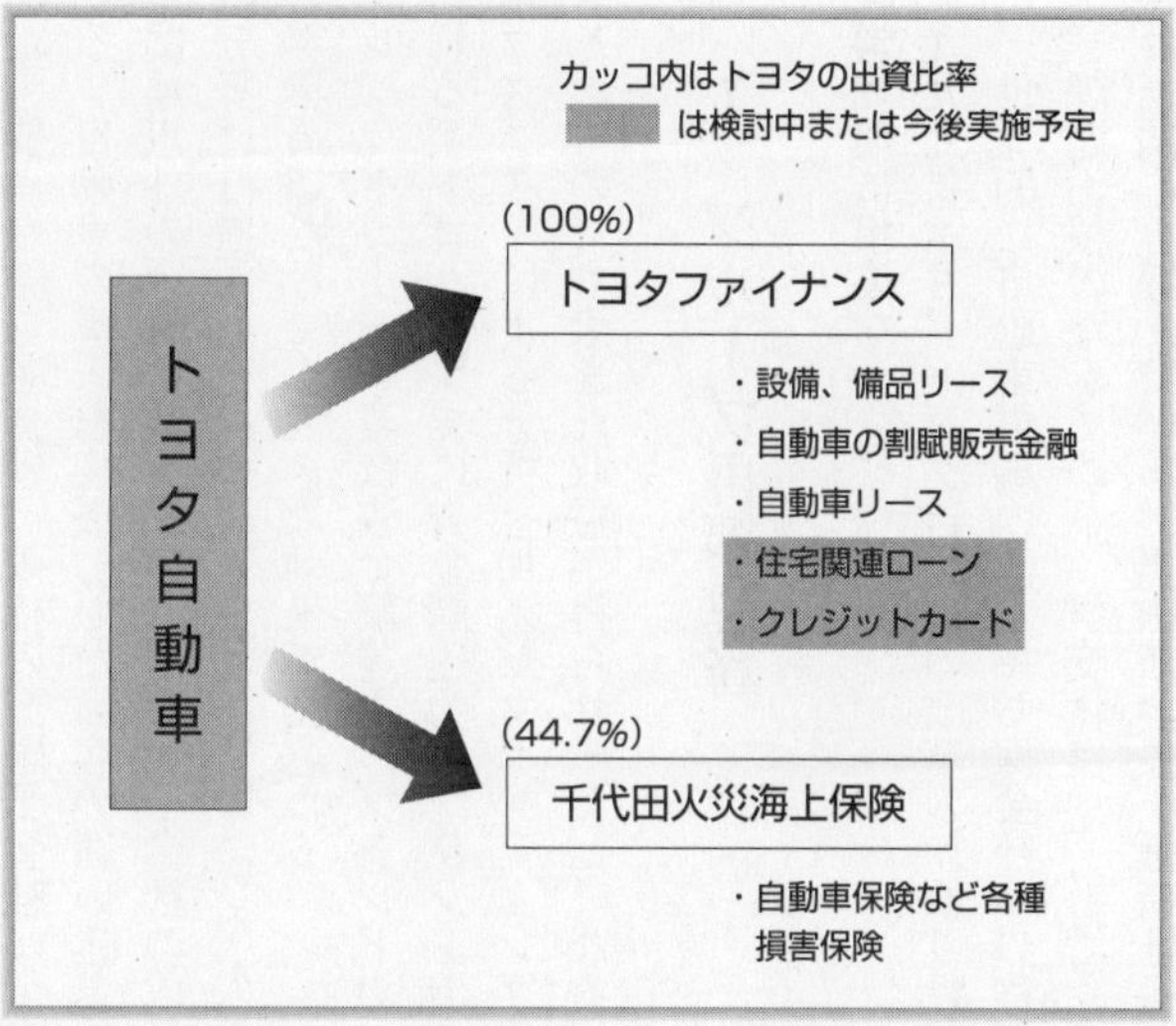

事業も検討している。カード事業に本格進出することで金融事業を早期に営業利益千億円規模に拡大することを目指す。

顧客の「囲い込み」も強化

トヨタはカード事業を本格的に立ち上げることで、顧客の「囲い込み」を強化できる。製造業ではすでに、日立製作所やソニーがメーカー金融を手掛けているが、家電製品よりも高額で、しかも損害保険や車検など周辺サービスをセットにできる自動車は、消費財のなかでも最も囲い込み効果が大きい商品と言える。

米国ではゼネラル・モーターズ（GM）やフォード・モーターが本

格的な消費者金融を手掛け、両社の金融子会社は全米で二位、三位のノンバンクに成長している。自動車の購入を契機とした顧客の囲い込み効果に加え、GMなどは不動産など自動車関連以外の金融事業も拡大し、金融子会社の成長を導いた。トヨタは本業周辺以外の金融分野には進出しない方針を打ち出しているが、自動車産業のすそ野の広さを考えれば、本業周辺だけでも大きな効果が見込める。

クレジットカード事業は資金調達力、ブランド力、サービス内容の三点が成功のカギと言われる。トヨタはすでに資金調達力とブランド力を持つ。カード事業は年齢層や性別、ライフスタイルによる分析を加えたマーケティング活動に生かせるだけでなく、金融サービスそのものでも大きな収益が得られることになる。

7 グループ再編急務

経営戦略に相違なし

一九九九年六月、トヨタ自動車の改革の旗振り役だった奥田が四年弱で社長の座から降りた。世界的な自動車再編の波、持ち株会社への移行を中心にしたグループ体制の大改革――。課題山積のなかでのトップ交代は、「トヨタ改造」の行方を見つめる内外の関係者の様々な関心を呼んでいる。奥田新会長―張新社長というトヨタ家以外の二人は、二十一世紀のトヨタの在り方を決める重責を担う。

「トヨタにCEO（最高経営責任者）、COO（最高執行責任者）という制度はないが、あえて欧米流に言うなら奥田氏がCEOで、張氏がCOOだ」。四月十三日の社長交代の記者会見で豊田章一郎会長は言い切った。

精神論だけでは破綻する

「持ち株会社への移行は是非やりたい」（奥田）「（株式交換という）格好の法律改正も実現すると聞いている。真剣に検討したい」（章一郎氏）

二人が持ち株会社構想に関し積極的な発言を始めたのは九九年一月、奥田の日経連会長就任とトヨタ社長からの退任が明らかになってから。社長交代を機に、持ち株会社への移行に奥田が一つの決着をつけようとしたとの見方が有力だが、それはやがて経営の一線を去る章一郎氏にとっても避けられない課題だった。

「二十一世紀の自動車産業を握るのはトヨタやGMではなく、ドイツのロバート・ボッシュや米国のデルファイ・オートモーティブ・システムズ、デンソーなのかもしれない」――奥田はこう漏らす。環境や高度道路交通システム（ITS）など自動車技術がかつてない激変期に突入。中核技術を握る部品メーカーが〝自動車業界のマイクロソフト〟に育つ可能性は否定できない。

図表2-6●トヨタ自動車グループ主要企業の新体制

（1999年6月以降、■は前トヨタ自動車副社長）

企業	氏名	役職
デンソー	石丸　典生	会長
	高橋　朗	副会長
	岡部　弘	社長
アイシン精機	和田　明広	会長
	豊田　幹司郎	社長
豊田自動織機製作所	磯谷　智生	会長
	横井　明	副会長
	石川　忠司	社長
トヨタ車体	栗岡　完爾	会長
	飯島　彰	社長
	（栗岡氏は千代田火災海上保険会長を兼務）	
トヨタファイナンス	大木島　巌	会長
	（小糸製作所会長を兼務）	

トヨタにとってはグループ内のデンソーなどとの関係をいかに強化するかが緊急の課題だが、トヨタとデンソーを結び付けるのは豊田家への忠誠心など日本的なつながりばかり。世代が変われば、これまでの〝精神論〟ではグループを経営できなくなるとの危惧が持ち株会社構想の背景にある。

「ポスト豊田家」体制を模索

だが、奥田の目指すグループの大改造は容易ではない。主要グループ企業の会長ポストへの人材送り込みを計画したトヨタに対し、デンソーは強い反発を示した。

「日本自動車工業会会長に就任して一年の石丸典生会長がいま退くわけにはいかない」と

いうのが表向きの理由とされるが、ボッシュなどと系列を超えた世界的競争にさらされるデンソーにしてみれば、トヨタとの結び付きを深めることが競争上不利になりかねないとの思惑もある。最終的に将来の会長含みの副会長の送り込みという線で、デンソーを説得したのが章一郎氏とされる。

「象徴である豊田家の力を借りながら、二十一世紀のポスト豊田家の経営体制を構築する」——。矛盾するかに見えるグループ改造を課された奥田—張新体制に、残された時間は長くない。

第3章

車の売り方を変えろ
——シェア四割復帰への挑戦

1 チャネルの個性を明確にせよ

「販売のトヨタ」と言われたトヨタ自動車が、車の売り方を試行錯誤している。高級セダンの不振、訪問販売の行き詰まり——販売体制を支えてきた「強み」は、時代の移り変わりとともに「弱み」に転ずる可能性さえ出てきた。苦悩のなかで、全販売チャネルの車を集めて売る「オートモール」や他社の車も扱う中古車販売店など、従来の成功体験にとらわれない様々な取り組みを始めている。販売改革の最前線を追った。

目標達成にこだわり

「何とかしてシェア四〇%を取れないかなあ……」

年末の数字が見えはじめた一九九八年秋、奥田は販売担当の栗岡完爾副社長を呼び止め、ここ数年来の目標である国内シェア四〇%に執念を見せていた。

八七年に過去最高の四三・二%に達したトヨタの国内販売シェアは、九八年で三年連続の四〇%割れが濃厚な情勢となっていた（九八年実績は三九・四%）。業界全体も前年割れが続いていたが、シェア低下は、セダンの低迷や営業員の販売力に頼った販売政策が効き目をなくすなど、トヨタ特有の病状の側面がある。

図表3-1●トヨタの国内販売台数とシェア

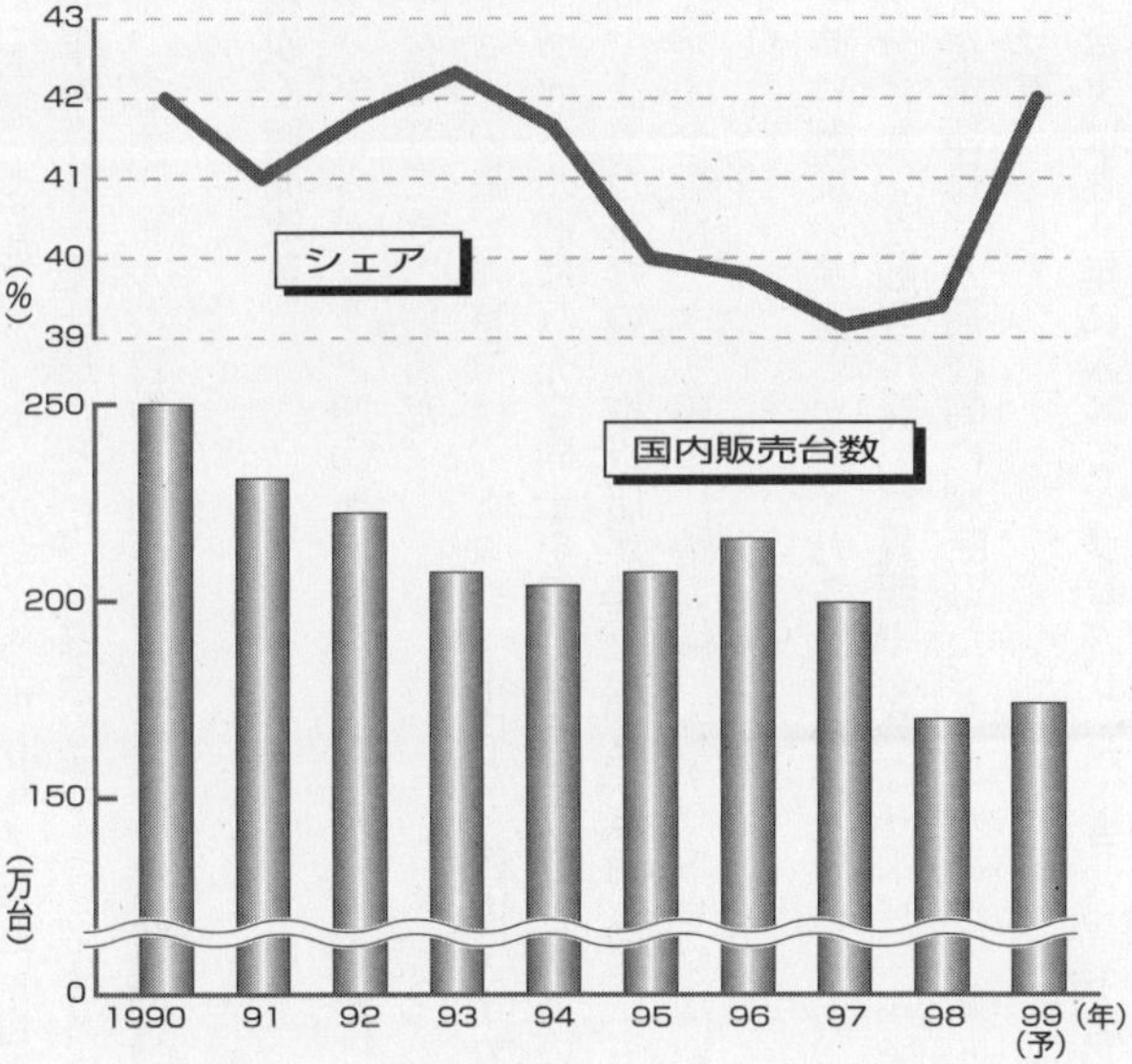

(注) 99年は1-6月の実績の平均から算出

九六、九七年、奥田は「シェア四〇%回復」を至上目標に掲げ、売った台数に応じてディーラーに支払うインセンティブ(販売奨励金)を千億円単位で投入。シェア確保に走ったが、下落に歯止めはかからない。「値引きの効果はなくなった」(見谷紘二・取締役第二営業本部長、当時)と、従来の手法が通用しないことを痛切に反省させられた。

そこで、九八年春からは一転してインセンティブの削減に乗り出した。「インセンティブ漬けになったディーラーは、(奨励金を原資とした安売りが常態化するなど)自助努力できなくなる」(トヨタビスタ兵庫の青井一美社長)といった懸念も聞こえるようになったためだ。代わって採用したのが、各チャネルの特徴を明確にするという「原点回帰」のマーケティング戦略だ。

相次ぐ販売改革

トップ自らがシェア四〇%の達成に向けハッパをかけるトヨタにとって、販売改革はもはや後戻りできない道だ。

トヨタの最大の特徴は、トヨペット店など国内メーカーで最も多い五チャネル体制にある。チャネル制は販売店同士を競わせるには都合がいい半面、消費者には、同じメーカーの同じような車なのに取扱店が違うなど、無用な混乱も与える。日産自動車やマツダは多チャネルを維持できず縮小に踏み切ったが、トヨタはいまのところ五チャネルを変更する予定はない。

一時は制度の見直しを考えたこともあったというが、「これだけ車種が多いと、チャネルを分けないと顧客に詳しい説明や十分なサービスができない」(笹津恭士・取締役ネッツ営業本部長)と最終的に判断した。このためチャネルごとの特色作りは避けて通れないテーマだ。

トヨタは九八年に入って「プログレ」(トヨペット店)、「ガイア」(トヨタ店)、「ナディア」（カローラ店）と一つのチャネルでしか購入できない「専売車」を矢継ぎ早に投入している。

九八年十一月七、八日の新型スポーツセダン「アルテッツァ」発表会。東京・世田谷区にあるネッツトヨタ東京の店舗には試乗を求める客が押し寄せ、予約なしでは乗れない盛況となった。八月に「トヨタオート」からチャネル名を変え、女性、若者に的を絞ったネッツ系列にとっては待望の専売車。ネッツトヨタ東京の小泉直専務は「新しいチャネルイメージに合った車が入り、ようやく販売体制も整った」と顔をほころばす。

九八年七月の「ビスタ・アルデオ」発売に先立つ五月。トヨタはビスタ店系列のディーラーの店長六百五十人を工場に招き、試乗などを体験する研修会を開いた。発売二カ月前の車に触れさせるのは異例。「販売を伸ばすには、商品知識を徹底し、遠回りでも店舗の営業力を底上げするしかない」（風岡宏明常務）と判断したためだ。

広告・宣伝の体制も改めた。九七年からチャネルごとに営業本部制を導入。九八年度からはさらに、各営業本部の裁量で広告予算を利用できる枠を広げた。

効果は二〇〇〇年以降に

一連の販売改革について、自動車産業について詳しいＩＮＧベアリング証券の塩原邦彦アナリストは「バブル期までの成功体験を捨て、新しいモデルを求める取り組み」と評価。「いまは過渡期だが、二〇〇〇年以降には効果を上げるのでは」と見ている。

ただ、長引く国内販売低迷で国内の系列ディーラーの経営は悪化しているところが多い。トヨタもインセンティブは減らしたものの、九八年九月から九九年三月まで「仕切り値」と呼ばれる販社への卸価格を、一部下げる販社支援策を余儀なくされた。かつてない事態に、販売改革の試行錯誤は続いている。

2　若年層を取り込め

「試乗」盛況、有料でも要予約

神戸市郊外のニュータウンにある地下鉄西神南駅前。セダンからRV（レクリエーショナル・ビークル）まで、トヨタ自動車の全車種五十五種類を乗り比べできる試乗センター「ライドワン」が一九九八年九月、期間限定でオープンした。広い駐車場を利用した敷地に、車種ごとに区分けされた車が整然と並ぶ。

中型車クラスで三十分五百円などと有料にもかかわらず、平日で平均約百八十組、週末は約二百六十組が来訪し、予約なしでは希望の車になかなか乗れないといった盛況ぶりだ。

来場者の半数は、現在はトヨタ車以外に乗っているユーザー。「試乗に訪れたのは今日で五回目」(兵庫県姫路市の会社員、三十七歳)、「予約が入りにくいのが難点だが、今後もぜひ続けてほしい」(神戸市の会社員、二十七歳)などおおむね好評。トヨタから見学に来た販売担当の役員も「こんなに人が集まるのか」と驚く。

ライドワンの企画・運営に当たったのは、九七年八月に発足した社内組織「ヴァーチャル・ベンチャー・カンパニー(VVC)」。トヨタが苦手とする若者への好感度を上げようと、商品開発も含め様々な企画を練るための組織だ。

トヨタの販売の強みは従来、営業員の人間関係を軸に買い替え需要を促したり紹介販売を掘り起こすことだった。しかし、「いまや若い世代は、試乗など、とにかく自分で体験してみようという傾向が強い」(古谷俊男VVCチーフコーディネーター)。

成果見極め全国展開

メーカーの都合で決まるチャネル別の車種ではなく、トヨタ車ならどの車にも試乗できる施設を「とりあえず作ってみた」(風岡宏明常務)というのは、若年層の顧客開拓が第一の狙いだ。

神戸の施設は九九年一月末までの期間限定。古谷チーフは「成果を見極めたうえで全国展開したい。地方都市は毎年決まった時期に回る〝サーカス方式〟で効率的に運用したい」と意気込む。

風岡常務は「トヨタの企業規模では、これまでちょっとした実験に取り組むのも難しかった。ライドワンのようなことができて、初めて若者の動向などいろんなことが見えてきた」と効用を指摘する。

ただ、運営自体は赤字。利用料金はガソリンと保険代に消え、期間中の人件費など運営経費約三億五千万円は持ち出しとなるという。実際の販売へどれだけ効果がでるのか、測定が難しい面もある。

ライドワンと並んでトヨタが構想を進めているのが、五チャネルの車を一カ所で販売する「オートモール」。

現在、具体化している計画は岐阜県柳津町の豊田紡織の工場遊休地を利用し、複数のディーラーが出店する自動車販売センターとイトーヨーカ堂の店舗を併設するもの。県内の各ディーラーが出店するほか、グループ会社のダイハツ工業の販売店や大規模な中古車店も併設し、二〇〇〇年十一月にオープンする予定だ。

ディーラーの反発も

トヨタはこの構想について「あくまでも実験的な試み」と説明する。実際、全国展開しようとすれば、既存店舗との販売地域調整、テリトリー外の集客に対するディーラーの反発など解決すべき問題は多い。

図表3-2●トヨタ自動車の国内販売体制（99年7月現在、販売台数は98年実績）

チャネル名	トヨタ	トヨペット	カローラ	ネッツ	ビスタ
代表車種	クラウン	マークⅡ	カローラ	ヴィッツ	ビスタ
販社数（社）	51	51	74	66	66
店舗数（店）	1,277	1,093	1,549	1,126	722
総人員（万人）	3.1	2.5	3.2	2.1	1.1
販売台数（万台）	34.3	39.3	47.3	33.6	16.4

ライドワン、オートモールのような新しい構想について、既存のディーラーからは「選択肢が多すぎても客はどれにしようか迷い、購入につながらないのではないか」（有力ディーラー社長）と心配する声も出ている。ディーラーが顧客を囲い込むという旧来型の販売スタイルを維持しつつ、従来の常識にとらわれない新しい消費者も取り込んでいくことは容易ではない。

トヨタはこうした取り組みに先立ち、「GAZOO（ガズー）」と呼ぶ情報端末を各店舗に配置している。インターネットのホームページ上からもアクセスできるガズーは、新車の情報や見積もりなど幅広い情報提供を狙ったもので、接客を嫌う若年層に有効な販売促進手段と見ている。

ただ、大量の営業社員を抱え、急激な業態転換ができない有力ディーラー幹部は、「何にでも挑戦する最近のトヨタの取り組みは結構なこと。ただし、我々の権益を侵さない範囲にしてほしい」とけん制する。

全国三百社あまりのディーラーを納得させつつ、新しい感覚の若いユーザーにいかにトヨタ車の魅力を訴えていくか。販売改革は難しいかじ取りを迫られている。

3　販売の常識を変えよう

店頭重視へ集客力向上

トヨタ自動車が販売改革の象徴としてスタートさせた新系列「ネッツトヨタ」。衣替えから二カ月半後には、ネッツ系列専売のスポーツセダン「アルテッツァ」が登場して、店頭は若者でにぎわっている。店頭販売、営業時間延長、ワンプライス販売——。既存の自動車販売の常識にとらわれないネッツ店の試みは、順調な滑り出しを見せている。

「年内の納車は申し訳ありませんが間に合いません」——。一九九八年十月末、ネッツ店の店頭に一年前から業界の話題となっていた新型スポーツセダンが登場した。トヨタが「世界戦略車」と位置づけるアルテッツァは二十、三十歳代の男性を中心に八月ごろから予約が殺到。発売日で納車が二カ月待ちの販社が相次いだ。

「旧オート店時代を含めてもこんなに最初から受注がある車は初めて」とベテラン営業スタッフは話す。好調の理由について「良い〝タマ（車）〟が来たのはもちろん、ネッツで販売したことが来店客増加につながった」と見る。

ネッツのテレビＣＭや新聞広告などでは「トヨタ」の文字を極力小さくした。新しいディーラーが誕生したことを積極的にアピールするためだ。「トヨタの文字を目立たなくするとは何事だ」とトヨタ首脳のなかには抵抗感を示す人もいたが、「トヨタは親父《おやじ》っぽいイメージだけどネッツは面白そう」と、女子大生やＯＬもネッツ店に気軽に来店するようになったという。

アルテッツァの販売でも新たな試みに挑戦した。発売後最初の週末に発表会をせず、あえて一週間先送りした。「丁寧な車両説明会ができるように、営業スタッフ自らが一週間、実際に試乗し商品知識を深めた」（ネッツ営業本部）という。

ワンプライス販売も各販社が導入した。店頭価格のまま販売するので、商談は車両説明に特化できる。「普通の店なら、まず値引き額を提示する。車両説明がしっかりしていたので店頭価格のまま購入するのに違和感はなかった」と二十歳代の会社員は評価する。

懸念噴出も改革への決意は固く

ネッツには来店客が自然と集まる環境が整い、いまのところトヨタのシナリオ通りに店頭販売への移行がスムーズに進んでいるように見える。アルテッツァの受注は、発売二週間で月間販売目標の二倍に迫る一万台を突破した。

さらに、九九年一月に発売した排気量千ｃｃのリッターカー「ヴィッツ」も好調で、全国のネッツ店は九八年秋口から九九年春まで来店客数は前年同月比三割近く増加し、売上

図表3-3●メーカー別国内販売シェア

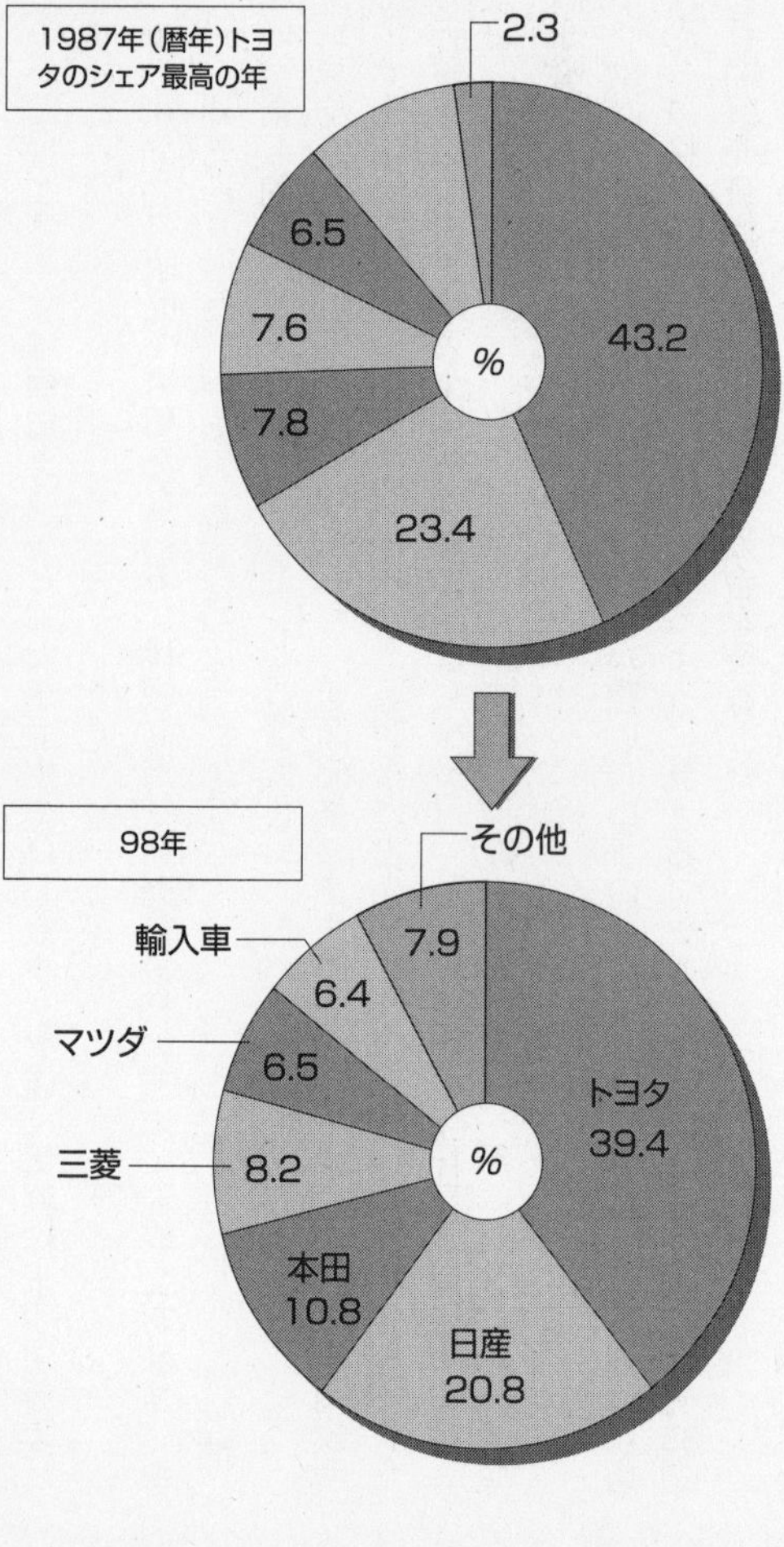

高も一〇％以上伸びた。四月以降も、月によっては三〇％以上の売り上げ増となっている。

ヴィッツはトヨタが世界戦略車と位置付け、欧州でも発売した新型車で、軽自動車をしのぐ燃費など商品力の強さを見せつけた。この結果、九八暦年では達成できなかったトヨタの国内シェアは、年度ベース（九八年四月―九九年三月）で四〇・一％と、悲願の四〇％達成を果たした。

ただ、好調なのはひとえに、「アルテッツァとヴィッツという商品力のおかげ」（他系列ディーラー）との陰口も聞かれる。「早朝・ナイター営業を実施しているが、早朝はほとんど来店客はこない」（ネッツ東京）うえ、勤務時間は長くなっても従業員の給与が変わっていない販社も多い。また、若者を意識した反動で「五十歳代以上の常連客が店に入りづらく、トヨタの他系列や他社で買い替えをしている」（中部地方のネッツ店）という問題も生じている。

特に販社の経営幹部や店長クラスが心配するのは、「若い営業スタッフが車の販売は楽だと錯覚し始める」ことだ。店頭集客力を高める仕掛け作りが当たれば当たるほど、「販売のトヨタ」を支えた営業力が低下していくようにも「足で稼いだ世代」には映っている。「バブル期に営業教育を怠った輸入車ディーラーの二の舞いになる」（本田技研工業系販社社長）との指摘もある。

こうした批判に対しトヨタは「悪い所は走りながら直す。だが後戻りはしない」(笹津恭士・取締役ネッツ営業本部長)と販売改革への決意は固い。

業界全体が不況打開策を考えあぐねている状況だけに、改革が成功すれば一気に差をつける好機でもある。多くのメーカーは店頭販売への転換を試みたが、販売が低迷すると「守り」の姿勢を強め改革は後退した。トヨタは逆風のなか、豊富な資金をバックにネッツを最前線として「攻め」の改革を貫く構えだ。

4　販社経営に競争原理を

テリトリー制を見直す

「トヨタの最大の欠点は〝護送船団方式〟」——。

トヨタ自動車で販売を担当する見谷紘二取締役は、自社のディーラー政策をこう評する。どのディーラーも落ちこぼれないような販売奨励策で、販売台数、シェアを維持してきたからだ。だが、新車市場が低迷し従来の販売手法に頼れなくなるなかで、トヨタは「護送船団」を見直し、ディーラーの自立を促す仕掛け作りを着々と進めている。

トヨタは三年に一度、系列ディーラーとの販売契約を更改する。これまでは、豊田章一郎氏をはじめ首脳陣がすべてのディーラーと個別に交わす、一種の儀式だった。ところが、九八年一月の更改は、例年と内容が異なった。ディーラーに対し販売地域（テリトリー）の縮小や新規参入など競争原理を取り入れることを盛り込んだ。日本の自動車メーカーは系列ディーラーごとにテリトリーを設定し、大都市圏などを除くと同じチャネルの販社同士で商圏が重ならないようにするのを基本政策としてきた。販社は「自分の城」さえ守っていればよかったわけだが、トヨタの新政策は販売力が劣ったり改善意欲に乏しいディーラーの淘汰につながる可能性がある。

ただ、「いきなり自由競争を取り入れても大混乱になる」（見谷氏）。このため、経営状態が悪いディーラーには経営改善策の提示を求め、メーカー側のトヨタと二人三脚で立て直しを図る一方、販社の自立を支援する〝アメ〟も用意した。代表的な例がカー用品販売や中古車部門の拡充だ。収益の大半を依存する新車部門の低迷を補うため、トヨタ側であらかじめノウハウを作り、全国の販社に提供して自立に手を差し伸べる仕組みだ。

九六年から始まった自動車用品販売・メンテナンスの店舗「ジェームス」は、九九年一月末までに全国二十五店に広がった。トヨタの子会社であるタクティー（名古屋市）がフランチャイザーとなり、各地のディーラーが母体となって出店する。

九八年十一月、岐阜県各務原市に「ジェームス各務原インター店」をオープンしたトヨタカローラ岐阜の大橋政己社長は、「ディーラーの強みである車検や整備などメンテナンス業務を前面に出せば、オートバックスセブンなど専業者にも対抗できる」と自信を見せる。

中古車で一石二鳥

中古車販売では九九年七月、トヨタと名古屋トヨペット（名古屋市）が連携し、名古屋トヨペットが事業主体となる大規模中古車小売店舗がオープンした。トヨタの名称を付けず、トヨタ車以外の車種も扱う。従来のように中古車を新車販売の補完機能と見なさず、積極的に収益源に変えようという発想だ。

二〇〇〇年初めには、トヨタ中古自動車販売が事業主体となる同様の店舗が静岡県内にオープンする。名古屋トヨペットの店舗と合わせて、蓄積したノウハウを全国のディーラーに提供する考えだ。

中古車販売には良質の車を仕入れることが不可欠。トヨペット店は、あらかじめ三年後の下取り価格を決めたうえで設定する「スマイルリース」（残価設定型ローン）に力を入れているが、ここには隠れた狙いがある。利用者は三年ごとに新車に乗り換えるため、ディーラーは買い替え需要が発生するうえ、良質な中古車を仕入れて販売できるという一石二鳥を狙える。

輸入中古車についても、東京・世田谷でトヨタが土地や建物を用意、都内ディーラーと共同で販売店「グート」を運営しノウハウを蓄積中だ。

図表3-4●トヨタが展開するカー用品店ジェームスの店舗網

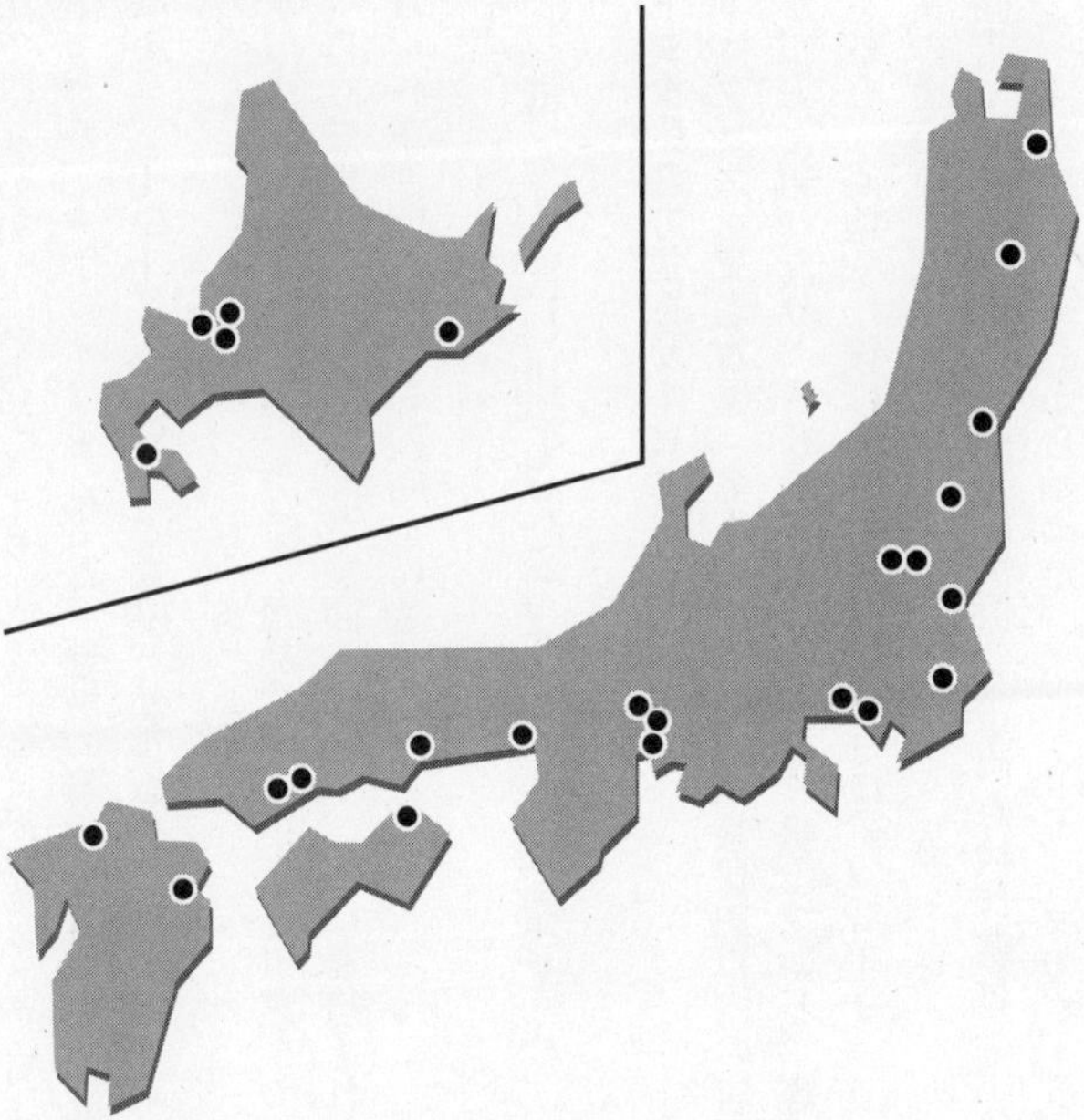

事業育成、底力は十分

既存のディーラーも「これまで新車販売に投資が偏っていたが、新車市場が成熟すれば中古車部門に力を入れるのは自然な流れ」（愛知トヨタ自動車の磯部千秋専務）と評価する。

ただ、こうした取り組みが、どこまでディーラーの自立を助けているのかは定かでない。ジェームスについて、「あの投資規模と集客力ではとても利益は出ない。武士の商法ではないか」(有力ディーラー)という批判もあり、賛否は分かれている。

トヨタのディーラーはもともと、地域の有力資本家が設立したケースが多い。「自らがインキュベーター(ふ化器)となり、新車販売以外の事業を育成できる底力は十分ある」(見谷氏)。

テリトリー制見直しの一方で、用品や中古車販売事業への支援という硬軟取り混ぜた手法で自立を促す――。そうした意図がディーラーに浸透すれば、経営体質が総合的に強化され、新車部門の販売力の向上にもつながる。

5 実需に即したシステムを構築せよ

トヨタ生産方式をサービスに応用

トヨタビスタ東名古屋(名古屋市)の愛知県豊田市内の店舗。サービスピットでは整備士が三人一組になり、きびきびと作業に取り組んでいる。専用工具であっという間にタイヤを外し、点検した後に取り付ける素早さは、フォーミュラワン(F1)レースのピット作業のようだ。

同店では、通常は二時間程度かかる車両点検作業を三十分程度に短縮した新サービスを、一九九八年十一月から始めた。スピードアップのポイントになっているのが、トヨタ生産方式の点検作業への応用だ。

改善の方法は一見、単純だが徹底している。トヨタ自動車の担当者が整備士に張り付き、歩く歩数や動きを克明に記録した後、どのような動きを取れば効率的に作業できるか考え、それをマニュアル化した。ビスタ東名古屋の山口茂樹専務は、「分単位、秒単位で改善しようとする生産現場の人の発想は、とても販売店では出て来ない」と舌を巻く。

このシステムをビスタ東名古屋と共同で開発したのが、トヨタの国内業務部にある「業務改善支援室」。販売店にトヨタ生産方式の手法を導入しようと、九六年に発足した組織だ。生産管理部門などから同方式を知り尽くした精鋭社員を集め、全国の販売店で物流やサービス・整備部門の効率化の指導に当たる。整備システムのノウハウは、全国の販売店に提供していく考えだ。

トヨタは生産ノウハウの応用分野をこうしたサービス（整備）部門にとどめず、生産から販売までの全体のシステムに応用しようという構想を抱いている。消費者の実需に基づいた機敏な受注、生産、販売の仕組みを作ることで、「見込み生産→過剰な流通在庫→安売り」といった全体としてのムダを極力排除していこうという発想だ。

受注生産、車種を拡大

構想の推進役になっているのは、九六年ころにトヨタが社内に組織した「カスタマーイン構築委員会」。カスタマーインとは、顧客の好みに応じた車を注文を受けてから生産する、受注生産への取り組みだ。同委員会は生産、販売など幅広い部門の部長クラスで構成。トヨタ生産方式を販売、サービス部門にも応用することで、実需に即した迅速な生産体制の構築を目指している。

現在のところ、受注生産が具体化しているのは「ソアラ」「スープラ」といった生産台数が比較的少ない一部の高級車種。ボディーの色、内装、リヤワイパーの有無など細部に至るまで注文に応じ、短期日で納車する。将来はさらに導入車種を広げる方針だ。

これまでも、工場で生産したものを売り切るため、生産・販売計画の精度を上げる努力をしてこなかったわけではないが、より効率的で顧客本位の生産・販売システムを築くことで、全体の最適化を図るという理想をさらに追求する。

カローラ店系列を担当する深津泰彦取締役は「これまでは、あらかじめ見込みで車を作り、販売店へプレッシャーをかけていた面もあった。そういう売り方は時代遅れ」と反省する。

迫られる「難しい選択」

ただ、「作る台数」を「売れる台数」に近付ける努力をすることについて、生産部門からは異論もある。

図表3-5●トヨタの国内生産・販売・輸出

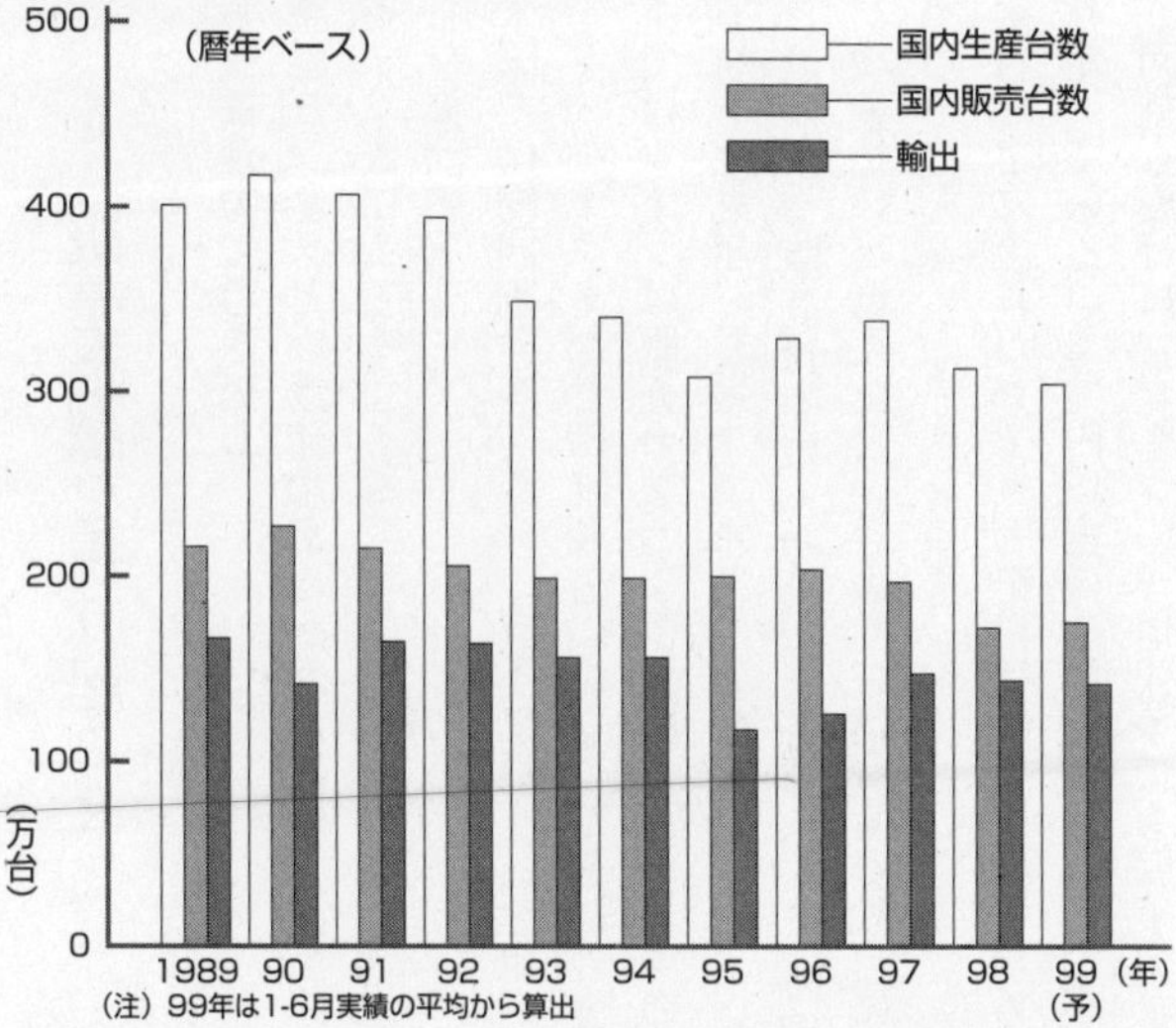

(注) 99年は1-6月実績の平均から算出

九〇年代の前半に関連会社を含めて三つの組立工場を立ち上げたトヨタでは、年間二百五十万台の国内販売を前提にしている。これに対し、「当面、トヨタの国内販売は二百万台を下回る厳しい状況が続く」（日興ソロモン・スミス・バーニー証券の松島憲之アナリスト）というのが大方の見方。

ただでさえ需要が低迷するなか、安売りすることで上乗せされていた生産量の部分がはげ落ちれば、現在の生産ラインの維持は一層困難になる。販売と生産の間でどう折り合いをつけていくのか。トヨタは難しい選択を迫られている。

6　販売金融を掘り起こせ

資金調達力で巻き返し

「金融ビジネスという発想がなかったため、みすみす金利を支払ってくれる客を逃がしてきた」。トヨタファイナンス（東京・港）の佐藤琢磨社長は反省を込めてこう語り、巻き返しを誓う。

米国では約四割の客がディーラーでローンを組み、ゼネラル・モーターズ（GM）やフォード・モーターなどは純利益の二—三割を販売金融が占める。トヨタ自動車の各ディーラーではローンは販売台数の二割程度で、トヨタの連結営業利益に占める販売金融の利益の割合も九九年三月期末で六％に過ぎない。

このローン販売比率はかつて、五割を超えた時期もあったという。比率が減少したのは、現金払いが増えたというより、消費者が独自に銀行などで自動車ローンを組んでいるためだ。

銀行などに流れたローン客を自社に引き戻すため、トヨタでは改めて販売金融の強化に取り組んでいる。二兆円以上の余剰資金を抱え、高い格付けを持つトヨタは有利な資金調達が可能なだけに、ローンの与信競争でも競争力を発揮できる余地がある。

トヨタファイナンスが開発、現在、トヨタが各販売チャネルに広げているのが新型の「残価設定型ローン」だ。新車を購入する際、あらかじめ三年後の中古車としての下取り価格（残価）を代金から差し引き、差額を分割払いにする。全額を分割で払うより月々の負担が少なくなるため、ワンランク上の車も購入しやすくなる。

こうしたローンは、もし三年後の中古車価格が当初見込みより低い場合は販売店が差損を被りかねないため、商品化が難しかった。「そこで、ディーラー単独では取れないリスクを、メーカーならではの金融力で補った」（佐藤社長）商品だ。

従来、ディーラーへの資金貸し付けを中心業務にしてきたトヨタファイナンスは、販売金融の中核を担うべく業務の拡張に取り組んでいる。銀行や証券会社などから中途採用者を入社させて開発力を強化しているほか、知名度向上のためテレビや新聞へ独自の広告も検討中だ。

損保へのけん制効果も

ローンに加えてトヨタが強化しているのが損害保険。九八年九月に千代田火災海上保険への出資比率を四〇%以上に引き上げ、今後、様々な商品が出てきそうだ。

第一弾が、九八年十月から十二月までの期間限定で実施した「こするカモ保証」。運転初心者が付けたこすり傷などの修理代を十万円までならトヨタが負担するサービス。「初めての車はどうせ傷が付くから中古車で十分」という初心者ユーザーを新車に振り向ける狙いだ。日産自動車がすぐさま同じような発想の保証制度を導入するなど、業界で注目を浴びた。

こするカモ保証は、東京海上火災保険など計三社との共同企画だが、「損保会社を傘下に持つことで他の損保へのけん制にもなり、様々な局面で主導権を握りやすくなる」(トヨタの販売担当役員)。将来、保険の自由化が進めば「衝突安全性に優れたトヨタの車は保険料が安い、といった売り込みもできる」(同)と期待している。

このほか住宅ローンやクレジットカード事業なども、具体化に向けて大詰めを迎えており、販売を支援する関連の金融商品はさらにスケールアップしそうだ。

金融業には進出せず

二兆円を超える余資を抱えるトヨタには常に「金融業務に本格進出するのでは」という憶測がつきまとう。これに対し「販売金融は強化するが、金融業には進出しない」(山本幸助副社長)と、あくまで金融は販売を補完し、販売での競争力を高めるための手段との姿勢を変えていない。

トヨタが本業の土俵だけで金融業を展開しようとする姿勢は、自動車業界にはむしろ脅威と映る。八二年、初めての販売金融会社をオーストラリアに設立した時の豪亜部長が、現在の奥田。「自分が頭に描いた構想を就任後に一つずつ実行している」（トヨタ役員）と言われる奥田のもと、トヨタの販売は資金調達力という武器を手に一段の攻勢に出ようとしている。

7 米国仕込みのアイデアも活用

研修生を米国に派遣

自動車流通の先進地、米国。ロサンゼルス近郊のトーランスにある米国トヨタ自動車販売（TMS）には、トヨタの国内営業部門が主催し、ディーラー経営者を募った見学ツアーが続々と訪れる。現地ディーラーの見学も組み込まれるため、「同じ店に集中しないよう調整に苦労する」（TMS幹部）ほどだ。しかし、商慣習が違う米国を見ても、深刻な販売不振が続く日本向けの特効薬が処方されるわけではない。そうしたなか、名古屋トヨペット（名古屋市、小栗七生社長）は過去十年近く、独自に研修生を米国ディーラーへ派遣、自社の経営に反映させる取り組みを続けている。

「いくらインターネット販売が普及しているといっても、見積もりを取るケースがほとんど。店頭販売がなくなることはない」――。名古屋トヨペットの小栗一朗常務は、米国の自動車流通をつぶさに見た経験から、インターネット販売の普及による「ディーラー不要論」を明快に否定する。

現社長の長男にあたる小栗常務は、慶応義塾大学を卒業後、トヨタ自動車を経て名古屋トヨペットに入社した。九二年から一年半、ロサンゼルス近郊のトヨタディーラー「トヨタ・オブ・オレンジ」で実地経験を積んだほか、ディーラー経営者を養成するために全米自動車販売店協会（NADA）が作った専門学校を、日本人で初めて卒業した異色の経歴を持つ。

トヨタ・オブ・オレンジは、営業マン一人当たりの月間販売台数が二十台と日本のおよそ四倍に達する。「徹底した実力主義や客を呼び込むマーケティング力が要因」（小栗常務）と見ているが、「日本とは比べ物にならない好景気や労働慣行など、日本にすぐ導入できる仕組みでもない」（同）と、冷静に分析する。

名古屋トヨペットはその後も、毎年二人の社員を半年間派遣し、九九年七月からは派遣期間を十カ月に延長することにした。九八年から九九年にかけて派遣されたのはメカニックの平岩良英氏と営業マンの稲葉健太郎氏。「合理的なレイアウトの整備工場など、参考になることは多いが、すでにできあがった日本の設備を壊すわけにもいかないし」（平岩氏）と、ノウハウの移植にもどかしさも感じている。

新店舗に米国流の工夫

それでも、トヨタ自身がお手本にしたリース制度など、米国仕込みのアイデアは徐々に実を結びつつある。さらに今後、大きな成果につなげたいのが店舗の設計だ。

九九年四月、愛知県刈谷市にオープンした「NTPプラザ上重原」には、米国流の工夫を随所に盛り込んだ。パソコン端末を備えた個人ブースを設け、店長ら管理職は店内を見渡せる「タワー」と呼ばれるコーナーに常時座る。管理職は、必要に応じて営業マンの販売を支援する体制だ。米国研修の経験者が中心となって企画し、今後、日本のディーラーの主流になると言われる「来店集客型」のモデル店舗に位置づける。

さらにトヨタと連携して七月に開業した大規模中古車展示場「カーロッツ三好」（愛知県三好町）にも、乗用カートや在庫車のカギ管理システムなど、効率経営を目指した米国流のノウハウを盛り込んだ。

小栗常務は、「地域が限定されたディーラーの仕事は視野が狭くなりがち。外の世界を見た社員がいることで、組織全体が活性化されれば」と、研修生の派遣は人材教育の一環でもあると強調する。「工場を出荷した車という製品が消費者へ商品として届くには、営業マンやメカニックなど様々な人が介在する。そこが本など他のインターネット販売との大きな違い」。地道な取り組みで、自動車流通の大変革期を乗り切る構えだ。

第4章

「コスト革命」に挑む

1　原価の実験——ヴィッツから

「聖域を設けず、臆することなく構造改革に臨め」——。

奥田の号令の下、トヨタが国際競争力の強化を目指す新たなコスト削減策に乗り出している。従来の商慣習にこだわらない部品調達や車の基本構造となるプラットフォーム（車台）の大胆な統合を実施、国内生産能力にも初めてメスを入れた。奥田が「新次元の原価低減」と位置づけるこれらの取り組みは、従来のトヨタの「強さ」を一から見直す作業でもある。二十一世紀に向けた世界の自動車メーカーのし烈な競争のなかで、トヨタの車づくりも変わろうとしている。

異例の部品調達

「エンジンの主要部品を系列外から調達するなんて、いままでは考えられないこと」。調達を担当する蛇川忠暉副社長は、九九年一月に発売したリッターカー「ヴィッツ」についてこう語る。蛇川氏が指摘するのは「インテークマニホールド（インマニ）」と呼ばれる四本に枝分かれしたエンジン用吸気管。この部品は従来、金属製だったが、排気量千ｃｃの小型車としては初めて樹脂製を採用し、軽量化した。

ヴィッツのインマニを納めたのは、マツダとつながりが深い部品メーカー、大協（広島県東広島市、上田進社長）だ。異例なのは系列外というだけではない。

大協は本来、インスツルメントパネルやバンパーなど樹脂製の内外装品の専門メーカーで、エンジン部品の製造は初めて。かつてのトヨタの購買部門なら間違いなく採用に二の足を踏んでいただろう。それだけに「ヴィッツの受注で、今後の海外展開やエンジン分野という新規領域への進出に弾みがついた」（大協幹部）と自信を深めている。

トヨタが注目したのは、大協が独自に編み出した「ＤＲＩ」という、樹脂製インマニを低コストで製造する工法。枝分かれする吸気管などを一つの金型で一気に成型する方法だ。既存の成型機を応用できるため投資もかさまない。樹脂は金属よりも熱伝導率が低いため、インマニを伝ってエンジンに吸入する空気の質量が増え、結果としてトルクも向上する。

少しのムダも見逃さず

大協のような新規取引先にたどり着くことができたのは、ヴィッツの開発にあたり部品調達の仕組みを変えたからだ。従来はトヨタが設計図を出し、これにこたえて試作品を提供する部品各社のコストや技術を比較して発注していた。それを、開発段階から部品会社のアイデアを積極的に取り入れる方式に見直した。

ヴィッツは「ヤリス」の車種名で欧州に投入し、二〇〇一年からフランス工場で生産を開始する戦略車種。コンパクトカーを得意とする欧州メーカーと真っ向から勝負するため、九四年に開発陣に下った指令は「スターレットに比べ三〇％の原価低減を目指せ」という、過去に例のないコストダウンだった。調達に始まり、設計、生産技術などあらゆる面で知恵を絞っている。

例えば、エンジンルームに配置してあるエアコンの冷媒パイプは、曲げの回数を極力減らし、ほぼ直線になっている。パイプの長さはわずかだが短くなり、材料費や曲げの工程の削減につながる。「見直しに次ぐ見直しを繰り返し、わずかな無駄もなくそうというコスト意識を開発担当者に徹底させた」（岡本一雄取締役第二開発センター長）。

ボディー成型も工程増につながる絞り成型はなるべく避け、単純に「曲げる」だけで従来以上のボディー剛性が発揮できるようにしている。そのために、スーパーコンピューターで、ボディーの骨格の設計や溶接位置まで計算し尽くした。

部品のモジュール化も進む

生産面では部品のモジュール化（複合化）にも取り組んだ。インパネ部分は組み立てラインのわきで事前に組み立てる方法だ。ボディーにはインパネ全体を装着するだけで済むようにして、組み立てラインの工程数削減につなげた。

図表4-1●トヨタ自動車の営業利益と原価低減

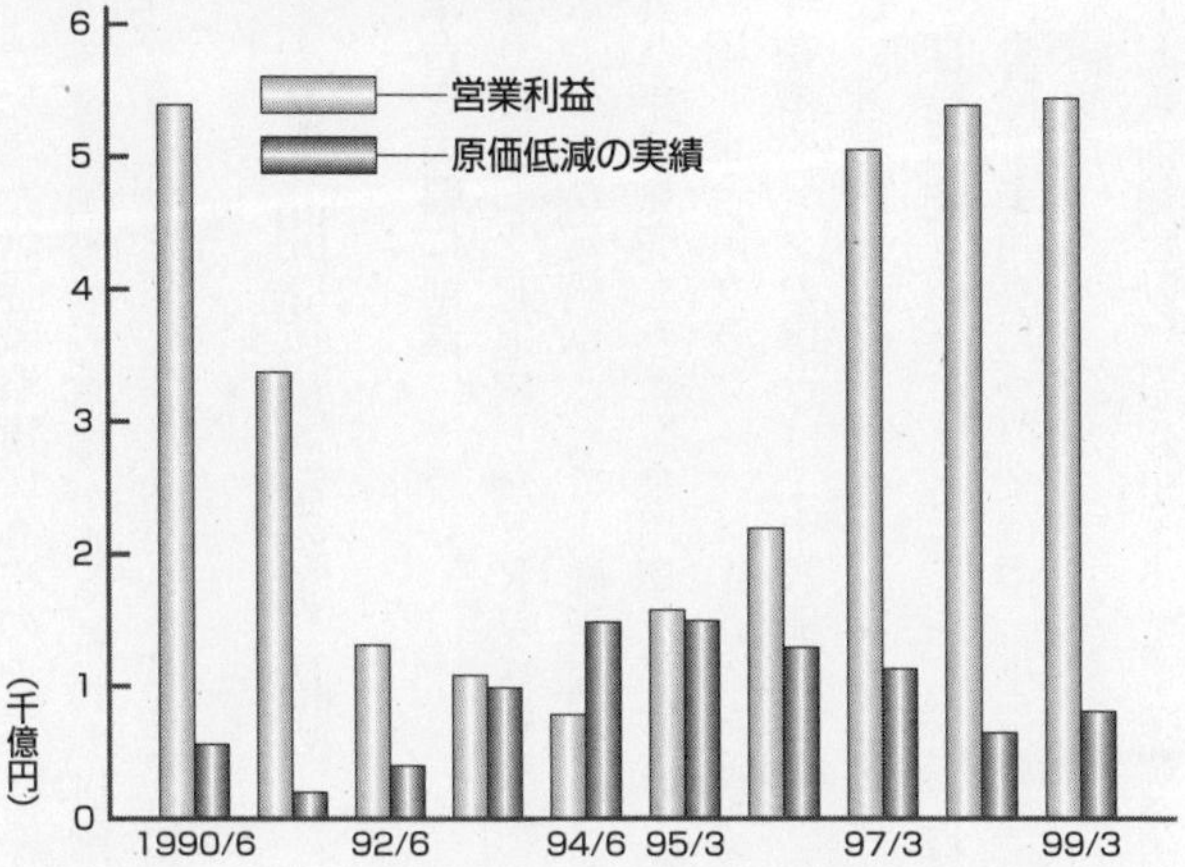

（注）1995年3月期の営業利益は決算期変更のため9カ月決算、原価低減は12カ月換算とした。

「あらゆる点で新規格の軽自動車を凌駕《りょうが》した」と、奥田はヴィッツの仕上がりに自信満々だ。

トヨタは同車の車台（プラットフォーム）を使って小型車を複数車種生産し、順次市場に投入する考え。

車台とは、車体の床の部分。車の骨格とも言える、剛性などの基本性能を左右する重要なところだ。一つの車台を開発する費用は百億―二百億円に達し、一車種あたり少なくとも千億円と言われる新車の開発コストに占める比重は小さくない。開発費用のかさむ車台を効率的に使い回すことで、一台当たりの原価を一段と抑える。

さらに「三〇％原価低減」のノウハウを「カローラ」「カムリ」「ハイラック

ス」といった世界戦略車にも次のモデルチェンジごとに応用していく考え。

トヨタは国際的な再編が吹き荒れる自動車業界でより強靭《きようじん》な経営体質を築くために、ヴィッツをひな型に新たなコスト革命に挑む。

2　開発投資を絞り込め

車台を大幅に削減

走りの楽しさを追求したＦＲ（後輪駆動）スポーツセダンの「アルテッツァ」と、室内が広く小さな高級車として主婦層などにも人気の高い「プログレ」。いずれもトヨタが一九九八年に発売した新型乗用車だ。性能も顧客層も対照的な両車種だが、共通点が一つある。同じ車台（プラットフォーム）を使っていることだ。

現在のトヨタの車台は二十数種類とされるが、開発陣でさえその正確な数を把握できていないと言われるほど、車ごとに異なる。トヨタはこの車台の数を大幅に削減することで、開発負担を軽くしようとしている。近い将来、ＲＶ（レクリエーショナル・ビークル）を除く乗用車については中・小型車種で四種類、ＦＲ系の高級車で三種類に統合していく構想だ。

ＦＦ（前輪駆動）系の中・小型車で統合の軸となる車台は「ヴィッツ」、九八年七月に発売した「ビスタ」、次期「カローラ」、米国で生産する「カムリ」。FR系の高級車では「プログレ」「アリスト」「セルシオ」だ。

コスト削減効果は数千億円

これらの車台をモデルチェンジごとに他車に広げていくことで得られるコスト削減効果は、「長期的に見れば数千億円規模」(荒木隆司専務)という。

車台の統合は、世界の自動車業界の潮流でもある。世界最大の米国ゼネラル・モーターズ(GM)でさえ、車台を現状の十六種類から半分に減らす計画がある。ドイツのフォルクスワーゲン(VW)グループも、現状の三分の一程度の三、四種類まで削減する方向だ。

実は、トヨタも開発部門で車台統合の話を以前から検討していた。ただ、国内市場のシェア競争が激しかった時代やバブル経済期には、少しでも目新しい車を欲しがるユーザーの求めに応じて、新規車種を相次ぎ投入する必要があった。

このため統合の要《かなめ》にする車台をせっかく事前に決めても、「開発の過程で改良を加えるたびに結果として新しい車台になってしまう」(トヨタ幹部)。開発陣も頭の片隅には「車台統合」の四文字がありながら、新しい車台を作りたいのが本音。だが、国内販売が冷え切ったいま、懸案だった車台統合に取り組まざるを得なくなった。

図表4-2●トヨタ自動車が生産中止またはその予定の乗用車

生産中止時期	車名	生産工場・系列工場	98年の販売台数(台)
1998年4月	カリーナED	関東自動車工業	2,300
	コロナエクシブ	関東自工	730
7月	カレン	田原工場	1,500
	セレス	関東自工	1,000
	マリノ	関東自工	760
	カムリ	堤工場	33,000
99年以降	スターレット	豊田自動織機製作所	90,000
	コルサ	高岡工場	37,000
	ターセル	高岡工場	15,000
	カローラⅡ	高岡工場	22,000

「モデル刷新」遅らせても……

車台の統合と並行して車種の統廃合も進める。九八年には「カムリ」「カローラ　セレス」など六車種の国内生産を打ち切った。九九年七月末にヴィッツの投入で「スターレット」の生産も終了。さらに「ターセル」「コルサ」「カローラⅡ」など、かつてはトヨタのシェア拡大に貢献してきた大衆車の生産を順次取りやめる方針だ。

さらにセダン系のモデルチェンジまでの期間は、従来の四年から五年に延長する。最量販車種の「カローラ」は、本来なら九九年にモデルチェンジの時期を迎えるが、二〇〇〇年に実施する方針だ。消費者のし好が多様化し、モデルチェンジしてもその効果が見極めにくいなかでは「モデルチェンジの間隔を開けて費用を浮かした分、人気が安定しているRV系の開発に資金を回した方がよい」(トヨタ幹部)

という考えだ。商品力を左右する新車の開発投資を絞り込むところに、コスト削減にかける意欲をうかがわせる。

3 系列はサバイバル時代へ

生き残りに必死

「非効率な生産体制にメスを入れなければ、二十一世紀を生き残っていけない」。アイシン精機傘下の鋳物部品メーカー、アイシン高丘(愛知県豊田市)の加藤喜久雄社長は一九九八年四月、全部で十二ある鋳造ラインのうち三ラインの停止を決断した。ラインの停止は六〇年の会社設立以来、初めてだった。

アイシン高丘が生産ラインの削減で見込めるコスト削減効果は、年六億円。だが、まだまだ手綱を緩めるわけにはいかない。九九年初めには無駄を極力減らす役割を担う組織、「革新グループ」を立ちあげた。所属するのは鋳物やステンレスなどの自動車部品、工作機械を扱う主要五事業部から選ばれたベテラン社員七十人。わずかな製造コストの増大要因も見逃すまいと会社の隅々まで目を光らせる「特殊部隊」だ。

具体的な成果も出ている。例えば最近、鋳物ラインの不良がたて続けに発生した。これまでの発想なら金型を疑うところだが、革新グループが徹底的に調査したところ、鋳物に使う砂を何度も使い回すうちに劣化し、不良の原因となっていることがわかった。新しい砂の混入比率を見直すと、不良がほとんどなくなったという。

国外での競争も激化

アイシン高丘で会社始まって以来のコストダウン作戦を展開する背景には、新型小型車「ヴィッツ」、「カローラ」や「カムリ」の次期モデルなどの世界戦略車でトヨタが掲げている「三〇％の原価低減」の要求がある。

トヨタは系列部品メーカーがこの要求に応えられなければ、遠慮なく系列外からの調達に切り替える方針。しかも、原価低減は取引の必要条件ではあるが、十分条件ではない。

フタバ産業は構造の簡素化などでマフラーの原価を三割減らし、ヴィッツのマフラーを全量受注することができた。しかし、トヨタがフランスで生産する「ヤリス」のマフラーは、プジョー・シトロエン・グループ（ＰＳＡ）系部品メーカーに奪われた。

フタバは人材に余裕がなく、フランス進出に二の足を踏んだこともあって、現地メーカーに商談をさらわれた。同社の梅村雅彦会長は「これからトヨタも新型車を世界同時に立ち上げる方向に向かう。国内だけで甘んじていられない」と欧州進出を再検討し、巻き返すつもりだ。

たとえ原価低減が実現しても、完成車メーカーの生産拠点のグローバル化にも対応できなければ、得られる果実は一部だけだ。

部品メーカーも本格再編へ

滑り軸受けメーカー大手の大豊工業（愛知県豊田市）は、不況で株式市場が低迷するなか、九九年三月に名古屋証券取引所第二部に上場を果たした。同社は滑り軸受けの生産拠点を二〇〇一年をメドに北米、欧州、インドネシア、中国に順次拡大する計画。その資金三十億円を市場から調達する必要があったからだ。福間宣雄社長は「部品企業の生き残りには経営のグローバル化が欠かせない」と決断した。

部品業界も米国のTRWが英国のルーカス・バリティーを買収し、ドイツのロバート・ボッシュが日本のゼクセルを子会社化するなど国際再編が本格化してきた。トヨタは「自ら部品各社を集約・再編するようなことはしない」（蛇川忠暉副社長）と言うものの、持ち株会社構想ではグループ各社の開発の効率化に主眼を置いており、事業を軸とした再編は十分あり得る。

トヨタのコスト革命は系列メーカーの経営改革も促す。系列だからといって過去の取引実績に安住できた時代は過ぎた。優良企業が多いと言われるトヨタ系だが、生き残り競争は避けて通れない。

4　自社技術を標準化せよ

「事実上の標準」を握れ

一九九九年一月上旬、ドイツのフォルクスワーゲン（ＶＷ）のフェルディナンド・ピエヒ社長が奥田のもとをひそかに訪問した。目的は、トヨタが開発した触媒システムをいかに安く手に入れるかにあった。

直噴エンジンなどの低燃費エンジンは、窒素酸化物（ＮＯｘ）の排出量が多い欠点も抱える。トヨタはコンピューター制御技術と連動させることで、ガソリンエンジンの排ガス中に含まれるＮＯｘを六割以上も浄化できる触媒技術を開発した。これはガソリン車だけでなく、ディーゼル車、ハイブリッド車、燃料電池車など次世代の低燃費車にも応用できる。トヨタは、この技術の特許を九八年三月に日米欧十カ国で取得した。

技術開発の優勝劣敗はスピードで決まる。実はＶＷも独自の触媒システムの開発を進めていたが、実用化にはトヨタの特許に抵触するため、技術を買わざるを得なくなった。欧州最大手のＶＷでさえ、ライバルに頭を下げなければ低燃費車の開発が思うようにはかどらない。トヨタ首脳陣は自社技術の業界での「デファクト・スタンダード（事実上の標準）化」の重要性を再認識した。

トヨタはこの触媒技術を、VWのほか三菱自動車工業のGDIエンジンやダイムラー・クライスラーにも供与することを決めた。供与先はさらに増える見通しで、この触媒技術についてはトヨタの技術がどうやら世界のデファクト・スタンダードになりそうな気配だ。

名よりも実を取る

技術のデファクト・スタンダード化は、トヨタのコスト戦略にとっても重点課題だ。「どこよりも早く世にないものを生み出し、適正なコストで普及させ、デファクト・スタンダードを握る」。奥田は明言する。特に高度道路交通システム（ITS）関連は国内だけで将来五十兆円市場とも言われ規模も大きい。トヨタは、持ち前のしたたかさで関連技術の事実上の標準化を急いでいる。

九八年十月、トヨタは米国GMなど旧ビッグスリー、フランスのルノーなど日米欧の大手自動車メーカー五社と国際コンソーシアムを結成し、車載機器のインターフェース（接続仕様）などの規格の標準化に乗り出した。大同団結の表の主役はコンソーシアムの初代議長役を務めるGMだが、〝標準〟のたたき台にしていくのは、ほかならぬトヨタの規格だ。

本来なら議長役はトヨタが務めてもおかしくないが、トヨタはGMに花を持たせ、自ら

図表4-3●トヨタが最近取得した特許の主な内容

97年1月	排ガス中に含まれる窒素酸化物の浄化装置
4月	低燃費化のための燃料噴射の制御装置
8月	低燃費化のための燃料供給ポンプの制御装置
98年2月	直噴エンジンの火花点火機関
11月	居眠り運転を検出する装置
	側突用エアバッグ装置を備えたシート構造

旗振り役として表に立つことを避けた。GMを立てて「名よりも実を取る」というトヨタの戦略は、標準化への舞台作りがとんとん拍子に進んだ要因でもあった。技術力を過信して業界への配慮を怠ると、気が付いたらはしごを外されていた、という事態を招きかねない。

研究開発費は競争力に直結するが、コスト革命を進めるなかで年四千億円の研究開発費だけを聖域にすることはできない。巨額の開発投資の回収のポイントは、技術の標準化であり〝量〟の論理だ。ダイムラー・クライスラーの誕生やフォード・モーターによるボルボの乗用車部門の買収といった自動車メーカーの業界再編も、規模のメリットによる開発コストの低減が狙いの一つだ。

トヨタも、ライバルではあるが、米国カリフォルニア州でカローラの合弁生産（NUMMI）を続けるGMが技術戦略で手離せない相手であり続けるのは間違いない。トヨタ・GMは九九年四月、燃料電池車やハイブリッド車をはじめとする環境関連技術を共同で研究開発することで合意した。米国デトロイトで記者会見に出席したトヨタの和田明広副社長（当時）は「ＧＭとの関係は排他的なものでなく、燃料などの分野ごとに第三、第四の自動車メーカーを仲間に加える可能性もある」と明言した。両社の新たな提携は、自動車業界の国際再編の新たな焦点となる可能性も否定できない。

5　生産体制をスリム化せよ

二直から一直に変更

「上げる、寄せる、止める、生かす、捨てる」――。これが、トヨタ自動車が今後取り組む国内生産スリム化のキーワードだ。

生産ラインの稼働率を上げてラインを統合する（〝寄せる〟）。空いたラインはいったん止める。ラインを別の用途に転用する。無理ならば最終的に廃棄する。トヨタの渡辺捷昭専務は「小さく構えて、大きく生産できる仕組みが生産改革の目標」と語る。

トヨタの元町工場（愛知県豊田市）では、実践に取り掛かっている。一九九九年二月から、高級セダン「クラウン」「プログレ」を生産する同工場の第一ラインの勤務体制を、連続二交代制勤務（二直）から一直（八時間稼働）に変更した。

同ラインの生産台数は月五千台とフル生産のほぼ半分。これを一台当たりの生産スピード（タクトタイム）を速め、一直あたりの生産台数を最大限増やす。作業スピードも速めるので、一直化で余った従業員を投入しラインの改善部隊も増強する。エネルギーコストや人件費の深夜手当は減るので、雇用を維持しながら一台当たりの生産コストの低減が可能となる。

国内の自動車生産台数が右肩上がりで増えてきた時代には、在庫を極力持たない「トヨタ生産方式」で高い国際競争力を維持してきた。最近もかんばん（発注指示書）一枚あたりに記憶できる製品情報を百倍に増やし、かんばんの発行枚数を減らす「電子かんばん方式」を導入するなど、コスト低減に向けて絶えざる努力が続いている。

ライン統廃合に挑む

しかしバブル期には年四百二十万台を生産したトヨタも、不況や海外生産の加速で九八年の国内生産台数は三百十七万台（前期比一〇％減）。系列車体メーカーを含めた余剰生産能力は年百万台規模にも達した。この余剰設備をスリム化しなければ、収益力の向上は厳しいというのが奥田の考えだ。

トヨタは今後三―五年かけて国内生産能力を年三十万台分程度減らし、三百五十万台前後まで絞り込む方向。グループの関東自動車工業は二〇〇〇年夏に深浦組立工場（神奈川県横須賀市）の閉鎖を決定した。トヨタ車体も二〇〇二年をメドに、トヨタ自動車からワンボックス車「ハイエース」を受託生産している刈谷工場（愛知県刈谷市）の主力ラインを廃止する方向だ。

生産体制の効率化には「ヴィッツ」の三〇％原価低減や車台の統合など、現在取り組んでいるコスト削減策が大きな意味を持つ。部品のモジュール化（複合化）は工程数の削減に、車台の統一は混流生産の容易さにつながり、車種や量の変動に対応できるようになる。

ライン統合だけでなく、投資の抑制も大きなテーマだ。トヨタ幹部は「高岡工場（豊田市）のヴィッツ生産ラインは、従来のラインにかかる費用に比べ四〇％程度に抑えた」と胸を張る。ヴィッツの前に生産していたスターレットの設備を徹底活用したためだ。

世界的大競争に打ち勝とう

〝低コストライン〟の発想の源流は、意外なことにベトナムにある。九六年からベトナムで「カローラ」などの生産を開始したトヨタは、既存の設備を限りなく流用するなど、初期投資を百億円と新工場の投資としてはかなり抑え込んだ。この工夫を高岡工場にも持ち込んだ。

一連のコスト削減策の集大成が、二〇〇一年稼働のフランス新工場（バランシェンヌ）だ。ヴィッツの「三〇％原価低減」やベトナムで得た低コストラインの設計などのアイデアを投入して「コスト競争力の高い次世代のラインを目指す」(トヨタ幹部)。さらに新ラインをひな型として、モデルチェンジを機に国内外の工場に取り入れ、国内生産能力をスリム化する。

奥田は「二十一世紀は優勝劣敗の時代」と位置づける。M&A(企業の合併・買収)で経営基盤を拡大した欧米メーカーとの力ずくの勝負が、これから世界各地で本格化する。トヨタが世界の大手に伍《ご》する強靭《きょうじん》な経営体質を作り上げられるかどうかは、コスト革命の成否にかかっている。

第5章

世界を相手にあくなき挑戦

1　ライバルの牙城に戦略車

トヨタ自動車の北米事業が新たなステージに入った。現地生産車が販売台数の半数を超え、同事業は日本国内をはるかに凌駕《りょうが》する収益源に育った。一九九八年末には、北米専用のピックアップトラックを生産するインディアナ工場が稼働。この市場を〝金城湯池〟とする米国メーカーに正面から挑む。日米貿易摩擦の火種を背負いながら、トヨタは「北米メーカー」として後戻りできない領域に踏み込もうとしている。

八百億円投じ新工場

「十四年前、我が社は北米で販売する車をすべて日本から輸出していた。いまや現地生産車が六割以上だ」――九八年十二月十日、インディアナ州に完成したトヨタ・モーター・マニュファクチャリング・インディアナ（ＴＭＭＩ）の開所式であいさつに立ったトヨタの豊田章一郎会長（当時）はこう語り、胸を張った。

約七億ドル（約八百億円）の金額を投じたＴＭＭＩは、インディアナ州のエバンズビル市近郊に位置する。広大な敷地には拡張に備える未利用地も多く、周囲の森林や農地は地元に提供している。当面、「タンドラ」というピックアップトラックを年間十万台生産する計画だが、二〇〇〇年後半から同車種をベースとしたSUV（スポーツ・ユーティリティー・ビークル）を同五万台追加生産する。

ピックアップトラックは商用車に分類されるが、内装が豪華で、ボートをけん引するなどレジャー用途の大型RVとしての利用が多い。日本で見る同種の車より二回り以上大きい。現在、米国のピックアップ市場はゼネラル・モーターズ（GM）、フォード・モーター、ダイムラー・クライスラーが八五％のシェアを占めるビッグスリーの牙城《がじょう》。乗用車で約一〇％のシェアを獲得したトヨタだが、北米市場を攻略するには、「この分野への進出が不可欠」（海外事業担当の田口俊明トヨタ専務）。

迎え撃つ米国勢は、「日本の小型車に劣った七〇年代とは状況が違う。小型トラックは今後も米国メーカーがリーダーであり続ける」（フォードのジョージ・ピパス市場分析担当マネジャー）と自信を見せる。先発メーカーの壁は厚いが、岡本精造TMMI社長は「運転性能が全然違う。品質も万全」と強調する。

米国拠点に託す特別な意味

TMMIの式典の翌日。十二月十一日にはトヨタ・モーター・マニュファクチャリング・ウェストバージニア（TMMWV）の開所式が開かれた。トヨタにとって米国で初のエンジン専門工場で、約四億ドル（約五百億円）を投じて「カローラ」用エンジンを年間

図表5-1●トヨタ自動車の主な北米生産拠点

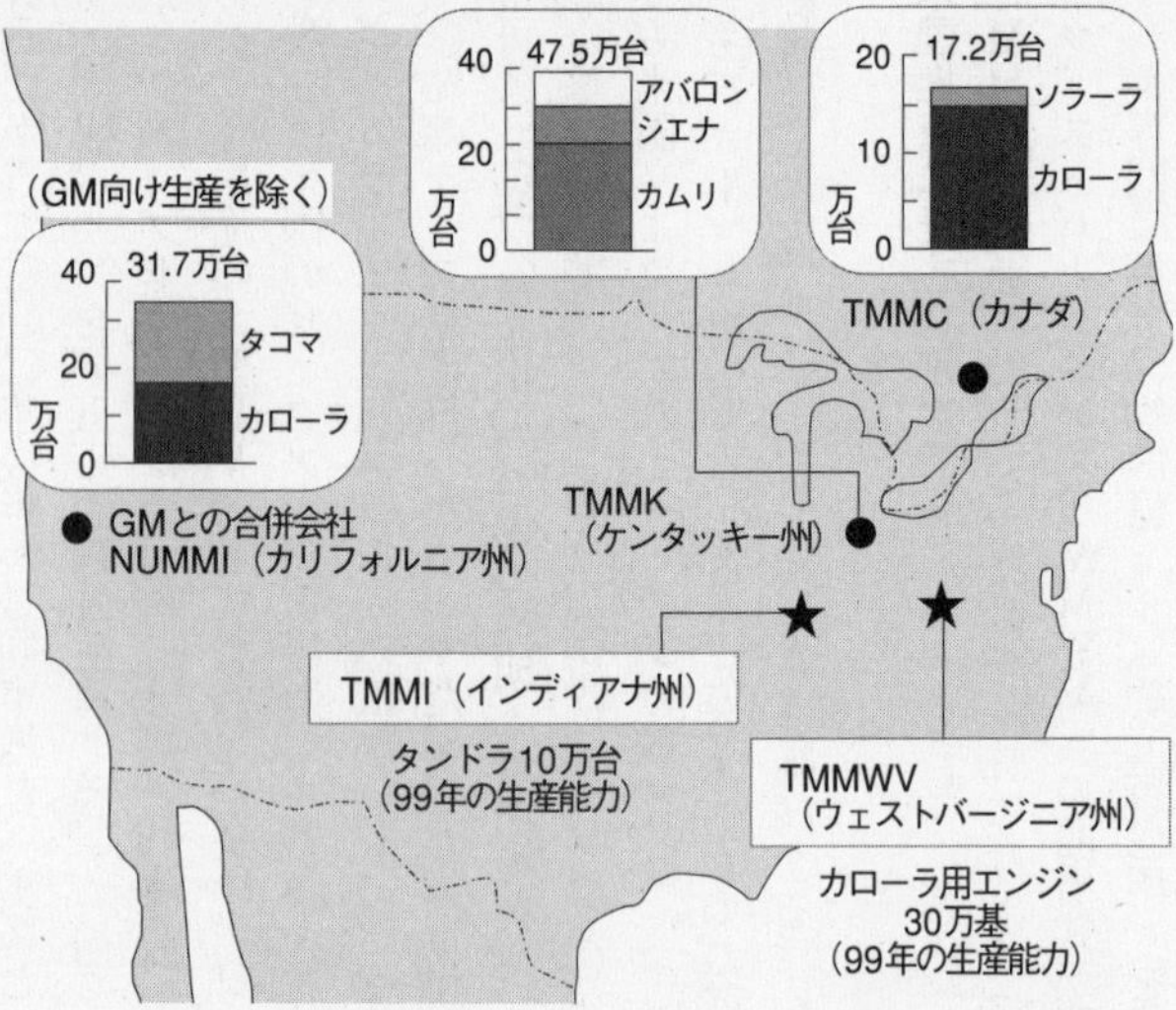

三十万基生産。これで、北米で生産するカローラのエンジンはほぼ現地化できる。

TMMI、TMMWV二工場の稼働で、北米の主要な生産拠点はケンタッキー工場、GMとの合弁のNUMMIなど合わせて五カ所になった。日米摩擦の激化を背景に九五年の「新国際ビジネスプラン」に盛り込まれた国際公約が、目標年次の九八年ぎりぎりに達成されたことになる。

「米国の自動車工業会に正会員として加盟できるなど、まさに隔世の感がある」。章一郎氏はここまでの歩みを感慨深げに振り返る。

米国の生産拠点は二つの意味で

図表5-2●トヨタ自動車北米戦略の歩み

1957年	クラウン初輸出。米国トヨタ販売設立
71年	トラック荷台製造のＴＡＢＣ（カリフォルニア州）設立
78年	乗用車部門で米国の輸出車１位に
81年	自動車業界が対米乗用車輸出自主規制実施
86年	ＧＭとの合弁会社ＮＵＭＭＩ、トヨタ向けの生産開始
88年	ＴＭＭ（ケンタッキー州、現ＴＭＭＫ）生産開始
	ＴＭＭＣ（カナダ）生産開始
89年	高級車チャネルのレクサス店設立
95年	新国際ビジネスプラン発表
98年	ＴＭＭＷＶ（ウェストバージニア州）生産開始
	ＴＭＭＩ（インディアナ州）生産開始

他の海外工場と異なる意味合いを持つ。一つが輸出拡大による貿易摩擦を回避する手段。もう一つは国内の販売台数が落ち込むなかで、業績を支える収益源としての重要性だ。

トヨタの連結営業利益のなかで、北米の比率は九九年三月期で二〇％弱。高級車の北米向け輸出分などトヨタ本体の利益に含まれる分を加えると、「全体の七割を北米市場で生み出している」（外資系証券アナリスト）との観測もある。

新たな緊張生む懸念も

北米のトヨタ車の販売は、いまのところ絶好調だ。九八年の米国での販売台数は百三十六万千台と前年比一一％増加、「供給不足のため九九年は二万台程度しか上乗せできない」（米国トヨタの石坂芳男社長、現トヨタ副社長）とうれしい悲鳴をあげる。過熱気味の米国景気の先行きが懸念されることを除けば、憂いはないように見える。

ただ、米国の新車市場は九九年、乗用車とピックアップトラックの販売比率が逆転すると言われるほど構造が大きく変わりつつある。この状況下でピックアップに参入することは「米国自動車業界の懐に手を突っ込む行為」（証券アナリスト）との指摘もある。タンドラのデビューは、日米間に新たな緊張感を生み出す要素をはらんでいる。

2 手本なしで真の「米国車」を作ろう

「経験なし」を武器に変える

新しい米国生産会社、トヨタ・モーター・マニュファクチャリング・インディアナ（TMMI、インディアナ州）には「マザーファクトリー（母工場）」がない。北米専用の新型車を立ち上げるため、日本国内にお手本となる工場が見当たらないのだ。トヨタにとって真の「メード・イン・USA」を生み出す場となる。

トヨタの北米拠点は、これまで「カローラ」や「カムリ」など日本で実績のある車を生産してきた。カムリを生産するトヨタ・モーター・マニュファクチャリング・ケンタッキー（TMMK）は、堤工場（愛知県豊田市）などがマザーファクトリーとなり、従業員の

図表5-3●北米での販売・生産実績と現地生産比率

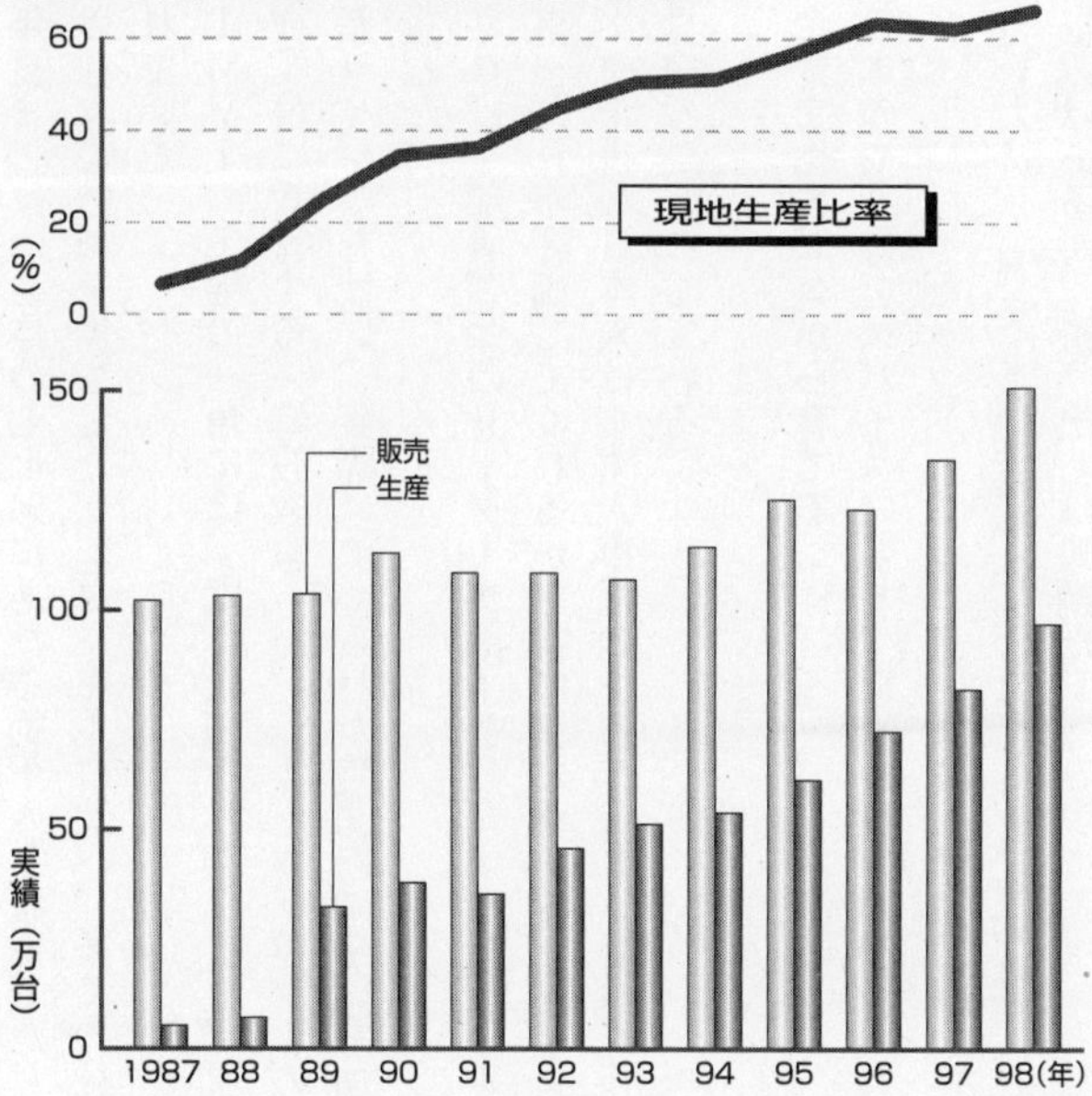

教育やラインの立ち上げまで直接面倒を見る方式を取っていた。

ところがインディアナでしか作らないピックアップトラック「タンドラ」は、「お手本とする工場はない。トヨタにとって初めての経験」（岡本精造TMMI社長）だ。

しかも、本格生産の開始から九カ月後の九九年夏までに二直フル生産体制の確立を目指している。ケンタッキーの立ち上げではフル生産まで十八カ月をかけており、これに比べて半減することになる。

社員の採用も前倒しし、九

八年夏までには全体の七七％にあたる約千人を確保した。当初は六割程度の充足率でその後は徐々に社員を増やしたケンタッキーに比べ、多くの社員をスピード育成する必要に迫られていた。

ＴＭＭＩの工場の一角には、壁で仕切られた小さな部屋がある。トヨタ生産システムを全従業員に教育する「特設教室」だ。ベルトコンベヤーの一部を部屋に持ち込んだ「疑似生産ライン」を使い、実際に決められた時間内に全員参加で組み立ての作業をこなす練習を重ねた。

さらに、部署ごとのリーダーが部下を教育するシステムを徹底した。米国では「自分の仕事をだれが評価してくれるかを常に気にする風土がある」（岡本社長）ため、コーディネーター役の日本人はまず人事権のあるリーダーを徹底指導し、その後のメンバーの育成を見守ることにしている。

企業文化をゼロから育てる

「日本のやり方をスパイスにして、日米の良さが融合する会社にしたい」。エンジニアマネジャーになったトッド・マッコーネルさんはこう意気込む。模範となる動いている工場がないため、「見てきた経験を作業に生かせないのは痛い」（日本からの応援技術者）という悩みはあるが、滑り出しは順調だ。

新工場はケンタッキーから十人程度の品質管理者を招いた以外、約千三百人の従業員はほとんどが自動車工場の経験のない新人で、地元インディアナ州出身者が九五％を占めた。「企業文化をゼロから育てることも狙いの一つ」という。

今後の課題は、生産の繁閑にどう対応するかということ。ほかの米国の生産拠点は日米貿易摩擦への配慮もあって基本的にフル生産体制を維持し、全体の供給量は日本からの輸出の増減で調整している。

しかし、タンドラはＴＭＭＩでだけ生産する北米専用の単独車種。右肩上がりが続く米国のピックアップトラック市場をにらみ、九九年春の発売までに約五千台を作り置きしたが、「売れなかったら（工場の操業は）たちまちピンチ。売れ過ぎても日本のような期間工がいないので供給不足に陥る」（岡本社長）懸念がある。ＴＭＭＩが競争力を持続するためには、従来のトヨタの工場を上回るしなやかさを身に付けなければならない。

3 拠点連携で効率化を推進

毎年コストを一％減

「米国市場は急激に変化している。経営目標をさらに上に置かないとだめだ」——。米国ケンタッキー州北部に本社を構えるトヨタ・モーター・マニュファクチャリング・ノース・アメリカ（ＴＭＭＮＡ）では、箕浦輝幸社長（トヨタ自動車取締役）が、小柄な体に似合わぬ大きな声で次々と部下に指示を出していた。

ＴＭＭＮＡは北米の生産拠点を統括し、購買から生産管理まで支援する目的で一九九六年に設立された。トヨタから申し渡されている原価低減目標は毎年一％だが、「今後の景気動向を考えると、さらに下げなければならない」と箕浦社長は危機感を募らせている。社長の言葉に力がこもるのは、設立三年目にしてようやくＴＭＭＮＡの機能を発揮する場面が巡ってきたからだ。

九八年十二月に本格稼働を始めた新組立工場、ＴＭＭＩ（インディアナ州）と、新エンジン工場、ＴＭＭＷＶ（ウエストバージニア州）の管理部門はすべてＴＭＭＮＡが肩代わりしている。

トヨタが九七年に抱える米国生産拠点の社員数は合計二万三千人。九一年に比べ一・六倍に膨らんでいる。ＴＭＭＮＡは生産部門の意思決定の迅速化やオペレーションの効率化を目指し設立されたが、「各生産拠点に屋上屋を建てるもの」という指摘もあり、機能を十分に発揮しているとは言い難かった。

現地化と効率を両立

新工場の稼働を機に、ようやく生産統括が動き始めようとしている。例えば大きな効果を発揮しそうなのが、部品の共同配送。これまで各工場がばらばらにトラックを仕立て、部品メーカーを巡回集荷していた。

これを共同集荷便が決められたルートを回り、各工場向け商品を積んで中継拠点に集める混載方式に切り替え、ＴＭＭＮＡが管理する。ＴＭＭＩがフル生産する九九年夏ごろから始め、年間四億―五億円のコスト削減を見込む。

原価の七割を占めると言われる部品調達についても、「ものづくりの原点にさかのぼり、部品の共通化、設計の見直しに取り組む」（箕浦社長）方針だ。

北米に九つある生産拠点を合わせた間接部門の人員比率も、現在より一ポイント程度低い一四・八％を目指し、生産技術など各生産拠点の機能を集約する考えだ。

それぞれの生産拠点も効率化に知恵を絞る。ＴＭＭＩはＴＭＭＮＡが扱わない軍手、電動工具など一万点に及ぶ消耗品を現地購入している。通常なら納品業者は二百五十社程度におよび、社内には二十五人の担当者が必要だ。

しかし、「コモディティー・マネジメント」と呼ばれる代理店制度を導入、十五社程度の業者に直接取引を集約した結果、社内の担当者を五分の一の五人に絞り込むことに成功した。

北米専用車の登場で、今後は開発部門の現地化も検討課題となる。ただ、「開発拠点の分散で、グローバルに見て効率がいいか議論も分かれる」（箕浦社長）。

図表5-4●北米生産拠点の資本関係

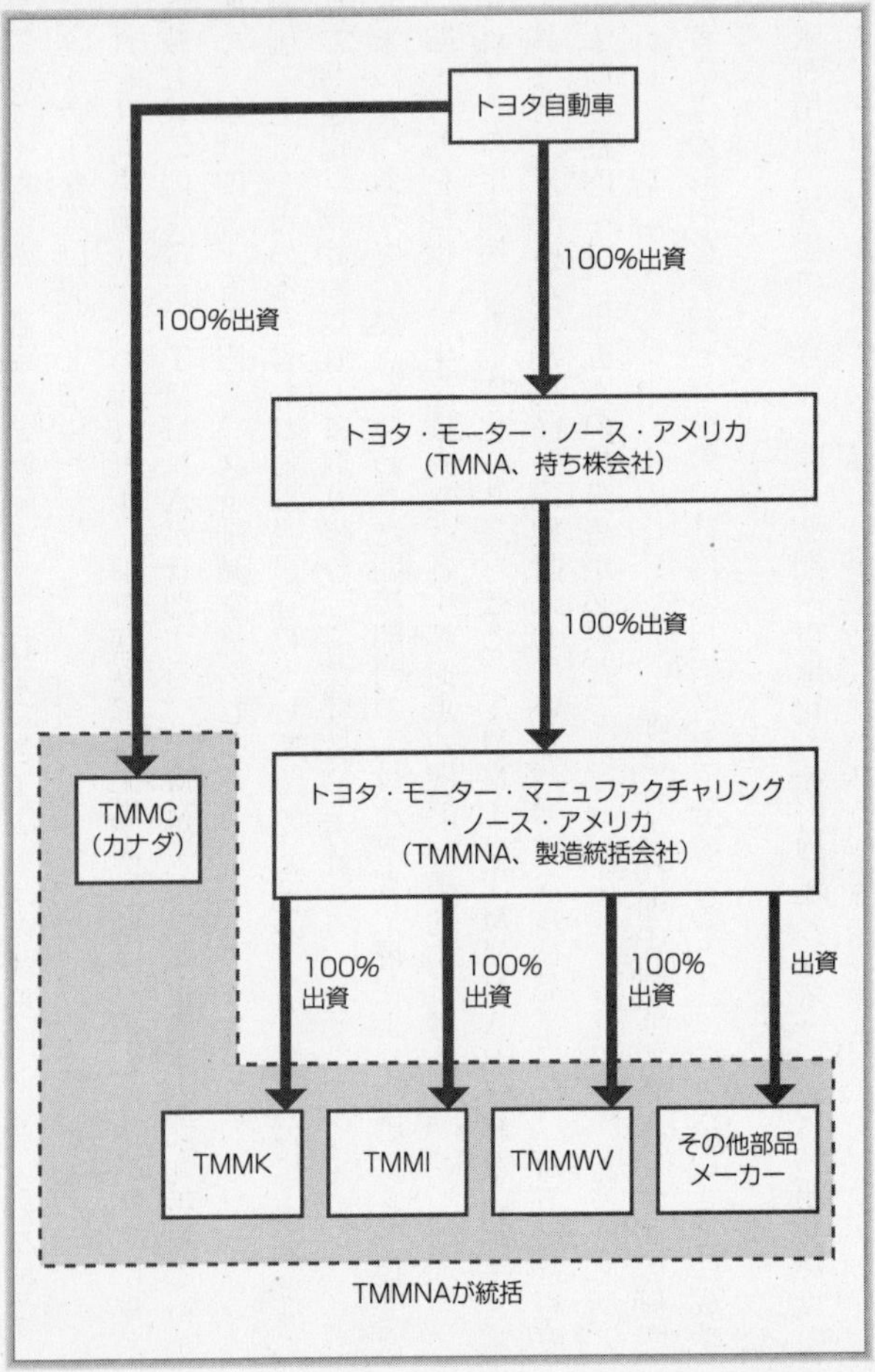

人の現地化についても、「リーダーに成長した途端に転職され、一から教育する。この繰り返し」(トヨタの生産担当役員)という悩みもある。現地化を推し進めつつ、いかに効率を維持していくのか。北米事業の拡大に伴う課題は尽きない。

4 海外の課題も若年層開拓

士気高め販売絶好調

「こちらから勧誘しなくても、次から次に客のほうからやって来る」——。名古屋トヨペットからロサンゼルス郊外オレンジ郡のディーラー「トヨタ・オブ・オレンジ」へ半年の予定で研修に来ている営業マン、稲葉健太郎氏は、米国でのトヨタ車ディーラーの活況ぶりに半ばあきれ顔だ。

一九九八年十二月のある週末。カリフォルニア州には珍しい雨のなかでも、商談ブースは来客で埋まっていた。「日本の営業マンが一カ月かけて売る台数が一日で売れることもざら」と言いながら、稲葉氏は契約を終えた客の案内に追われていた。

トヨタ自動車の米国販売は現在、絶好調だ。トヨタ・モーター・セールス(TMS:米国トヨタ自動車、カリフォルニア州トーランス)の石坂芳男社長は「すべての車種で生産能力が足りない。在庫がないから売るに売れない状況」という。

乗用車では九八年、カムリが二年連続で本田技研工業のアコードを抜きベストセラーカーとなった。高級車チャネル「レクサス」の販売台数も十万台を目前に足踏みをしていたが、「RX300」(日本名「ハリアー」)のヒットで十五万台を突破した。

販売好調の要因は、米国の好景気ばかりではない。九八年の米国自動車市場の伸びは三%程度だったが、トヨタの販売台数は百三十六万千台で一一%伸びた。石坂氏は「単に売れと号令をかけるのでなく、社員やディーラーの士気を高めたことが効いた」と語る。

「モノ作り」学ぶ

九七年四月から始めた「ユニバーシティー・オブ・トヨタ」は、ディーラーの幹部やTMSの従業員向け教育プログラム。社内外の識者を講師に招き、豊田佐吉翁が発明家だったことなどトヨタのルーツや、トヨタ生産システムを教える。モノづくりの背景を知ってもらうことで「社員がトヨタ車の販売に誇りを持ち、会社への忠誠心を高める効果がある」(石坂氏)。

米国の販売網は大衆車の「トヨタ」、高級車の「レクサス」と二チャネルが明確に区別され、日本の五チャネルのような併売車はない。店舗は日本が約五千六百、米国は約千三百七十だが、石坂氏は「いまのままで十分、足りないぐらいがちょうどいい」と言う。

余勢を駆って、現地生産のピックアップトラック「タンドラ」を九九年五月後半に投

図表5-5●トヨタの米国販売台数とシェア

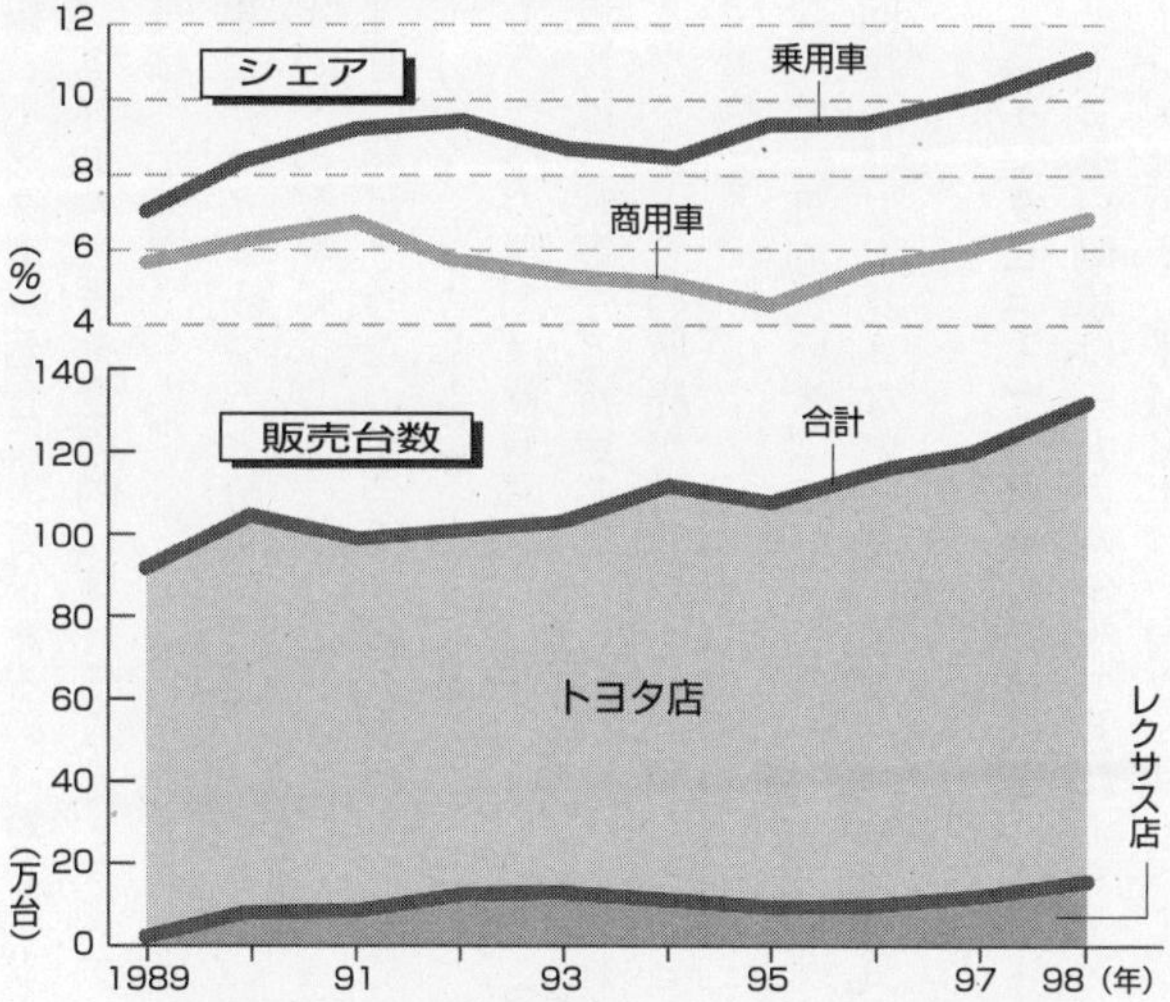

(注) 商用車は大型・中型トラックを除くシェア。

入。ロサンゼルス近郊のディーラー「ロンゴ・トヨタ」のケン・ハント・ゼネラルマネジャーは、「トヨタに品揃えがないためにフォードなどに流れていた顧客を取り返すチャンス」と意気込む。

米国の大型ピックアップは年間二百万台の巨大市場。日本勢は二五％の輸入関税もあって出遅れていたが、現地生産ならある程度対等に勝負できると見る。

懸念は貿易摩擦の台頭

ただ、順風満帆に見える米国トヨタにも死角がないわけではない。

一つは、日本と同じく若年層の

開拓。ホンダ車が若者に人気があるのに対し、トヨタ車を好むのは団塊の世代が多いという。トヨタの広告を全面的に請け負うサーチ・アンド・サーチ社のジョセフ・クローン副会長は、「本田はクール（かっこいい）。トヨタはインテリジェント（知的）だが父親の乗る車というイメージ」と分析する。

トヨタのＶＶＣ（ヴァーチャル・ベンチャー・カンパニー）にならって、ＴＭＳが九八年九月に発足させたのが若手社員を集めた特別チーム「ジェネシス・ユース・プロジェクト」。ブランドイメージ向上や若者受けする新しい販売手法を検討し、提案していく。

もう一つの懸念は貿易摩擦の行方。いまのところ自動車に関して再燃の兆しはないが、石坂氏は「鉄鋼など特定業界から飛び火する恐れもあり楽観はできない」と表情を引き締める。タンドラの販売が予想以上に好調だと、ビッグスリーを刺激しかねないというジレンマも抱える。

「我々は一日も長い米国の好況を祈るしかない」（米国内のある生産会社社長）。国内販売に回復の兆しが見えないいま、トヨタの米国景気への依存度はさらに高まりそうだ。

【インタビュー】二拠点の社長に聞く

トヨタ自動車は一九九八年十二月にトヨタ・モーター・マニュファクチャリング・インディアナ（ＴＭＭＩ）と同ウェストバージニア（ＴＭＭＷＶ）を相次いで正式に

稼働させた。TMMIは北米専用車を組み立て、TMMWVはカナダ工場などで生産する「カローラ」用エンジンの専門工場だ。競争力を確保するためには従来の現地生産会社以上に厳しいコストダウンが要求される。TMMIの岡本精造社長とTMMWVの鳥海友也社長に、今後の運営方針などを聞いた。

岡本精造、TMMI社長

――開所式は大変な熱気だった。

「これから果たさなければならないことを考えると、いい気になる場合ではないと冷静になった。従業員を新人ばかりにしたのは、白いキャンバスに絵を描くように新しい会社を育てたかったからだ。（ゼネラル・モーターズとの合弁会社の）NUMMIにいた経験などを生かして軌道に乗せたい。米国人はもともと標準化が好きなので、トヨタ生産システムは向いていると思う」

――TMMIで生産する「タンドラ」はどのような車か。

「外観は他社の競合車にくらべてやや小振りだが、車内は広く、パワーのあるV8エンジンを搭載し、運転性能は断然上だ。小振りで高性能というのは、日本で発売した高級セダンの『プログレ』に似ている。米国ディーナ社が専用工場を作って新しいフレームを供給する。何から何まで新しい車は最近では珍しい。生産能力の年十万台が多いか少ないかの判断は難しいが、トヨタ車のユーザーだけでも需要はかなりある」

――二〇〇〇年からSUV(スポーツ・ユーティリティー・ビークル)を生産する。今後の運営の見通しは。

「SUVはタンドラと同じプラットホームを使った日本にはない全く新しい車。タンドラとの混流生産で、現在の年間十万台用のラインを伸ばせば、予定している計十五万台に対応できる。それ以上の計画は未定だ」

「三年後に単年度黒字を目指しているが、累損一掃がいつになるかはSUVの追加投資もあり、なんとも言えない。間接コストは放っておくと増えるので、最初が肝心だ。徹底的にコストを抑えるとともに、生産性向上を進めて早急に投資を回収したい」

鳥海友也、TMMWV社長

――本格稼働した感想は。

「まだ道半ばという状態。なにせウェストバージニア州は自動車産業がほとんどない州なので、人材教育に苦労している。熱心で正直だが、なにぶん技能が伴わず、一から育てるしかない。車両組立工場は労働集約型で一人が同じ作業に従事すればいいが、エンジン工場は広範囲に技能を身に付けた多能工が求められる」

「実地教育で仕事の幅を広げていくしかない。組み付けラインを例に取ると、基本的な仕事は日本に追い付いてきている。二〇〇〇年初めから（別の）V型六気筒エンジンの生産を始め、熟練した人は先生役になってもらう。そのころには日本のレベルに追い付きたい」

――二〇〇一年春からは自動変速機（AT）の生産も始める。

「こんなに次々と計画ができて正直言って驚いている。部品メーカーの支援も得て準備を進めたい。トヨタ本社から投資計画が出るたびに計画を修正する状況で、いつごろ単年度黒字化するか聞かれても困る。投資は極力抑制し、人の採用も慎重にして黒字化を少しでも早くしたい」

――現地生産で気を使うことは。

「豊田章一郎会長（当時）から、くれぐれも地域社会との融合に気を付けるように言われている。ここで作らせて頂いているから車も売れるという気持ちを忘れるな、という意味で、慎重になりすぎるくらい気を使っている。余談だが、従業員にはTOYOTAネーム入りの服を着て外に出るなと言っている。採用には三万人の応募があったが、実際に採用したのは二百数十人に過ぎない。採用しなかった人の反発も考えないといけない」

5 欧州メジャーに挑む

二〇〇一年のフランス工場進出を機に、トヨタ自動車グループは欧州市場に本格攻勢をかける。九九年春にはトヨタの世界戦略車の旗手となるリッターカー「ヤリス」（排気量千―千五百cc）を投入、小型車市場に参戦した。グループ企業ぐるみで販売力の強化や生産体制の整備を進めているが、いまや自動車メーカーの国際的再編の舞台となった欧州市場の攻略は容易ではない。荒波にもまれながら、したたかに根を張るグループの姿を追った。

存在感薄い日本の小型車

九八年六月、サッカーのワールドカップでにぎわうパリ市内。街を歩いてもトヨタ車が走る姿を見かけることはまれだ。裏道には小型車が前後のすき間もないほど駐車してあるが、日本車にはまずお目にかかれない。ドイツのアウトバーンを時速二百キロで疾走するのもBMW、アウディなどドイツ勢ばかり。一足早く進出した米国に比べ、欧州ではまだトヨタの存在感は薄いのが現実だ。

「九八年の欧州販売台数は五十万台を突破しそうだ」――。ベルギー・ブリュッセルにあって欧州販売の全体を統括しているトヨタ・モーター・ヨーロッパ・マーケティング・エンジニアリング（TMME）。高橋興夫社長の表情はしかし、消費不振に苦しむ日本の販売陣とは対照的に明るかった。九八年一月に「カリーナE」の後継車として英国で販売を開始した「アベンシス」（千六百―二千cc）が好調な滑り出しを見せているからだ。

一―五月の販売は当初計画を約一割上回る勢いという。英国工場も緊急増産し、生産台数を二割増の一万七千台まで引き上げたが「納車待ちの状態を解消するのは難しい」（トヨタ）。それでも「ヤリス」の発売を控えたTMMEの経営陣に安堵の気配はない。ヤリスは「ニュー・ベーシック・カー（NBC）」と称され、トヨタの世界戦略車の期待をになう。スターレット後継車種として欧州に投入後、ブラジル、アジアにも展開する。欧州市場はNBCの試金石でもある。

顧客獲得へ流通を再編

五十万台突破とはいえ欧州でのトヨタのシェアは三％弱と、米国での約七％に比べ、低迷している。最大の理由は、「トヨタは消費者にとって一台目となる小型車を現地生産していない」（高橋社長）こと。最初にトヨタ車を買ってもらえれば、二台目以降の売り込みは「VWなどから顧客を奪うよりは容易」になるはずだ。

NBC投入、フランス現地生産をテコに二〇〇五年までに欧州の販売台数を年八十万

図表5-6●97年の欧州乗用車市場のメーカー別シェア

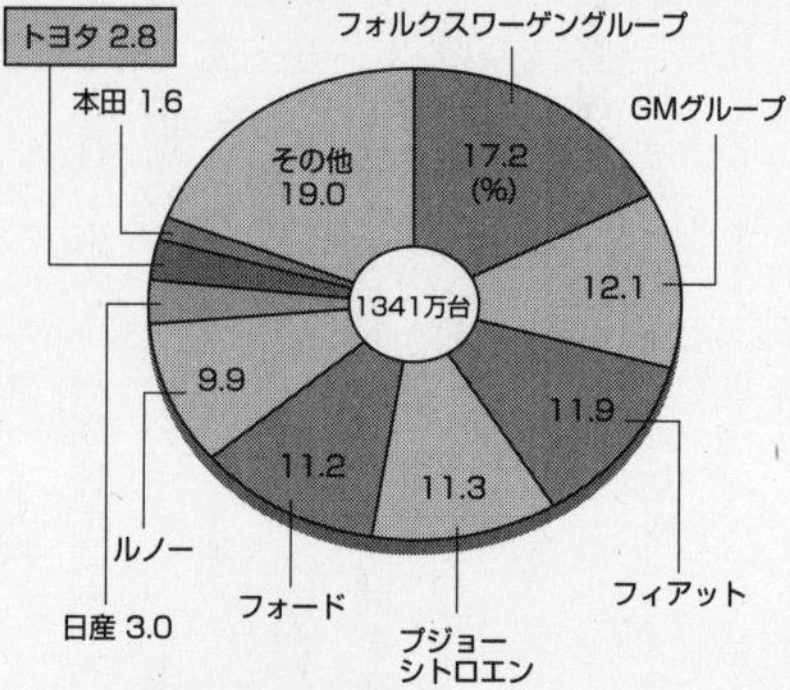

（注）市場はEU、ノルウェー、スイスの合計。
（出所）欧州自動車製造業者協会調べ

台、シェア六％程度まで高めるのがトヨタの目標だ。

このため販売戦略も練り直す。個別に見るとフィンランドやアイルランドなどシェア一〇％に達する国もあるが、ドイツ、フランス、イタリアなど大陸の大市場でシェアは伸び悩んでいる。

「必要ならばトヨタが過半数の株式を取得する」（高橋氏）――。トヨタはこれまで販売会社を作る際、現地ディーラーなど地元の名士と共同出資という形を取ってきたが、この方針を転換。販社の経営の実権を握って流通再編を推進する考えだ。

すでにドイツ、イタリアは全額出資子会社となり、英国販社の出資比率も五一％に高めた。今後はフランス、スペインなど過半数以下の販社が対象になる。

そのうえで、欧州では三千五百ある末端ディーラーの再編に着手。力の弱い会社に撤退を促しながら、既存ディーラーの資金力を高める。全体数は増やさず、一店当たりの販売台数を二、三年かけて倍の二百台レベルにする。

パリの目抜き通りにショールーム

イメージ戦略も矢継ぎ早に打ち出す。

パリの目抜き通り、シャンゼリゼにトヨタはショールームを開設した。一千平方メートル程度のフロア面積で、商取引はせず、欧州販売車の情報提供に徹する。九八年末には最高級車「センチュリー」に左ハンドルを設定して欧州輸出を開始、トヨタ車の品質をアピールする。

欧州市場では欧米メーカーがし烈な競争を繰り広げ、有力各社が数％―十数％のシェアでひしめく。トップのVWグループでさえシェアは一七％だ。「欧州の生産能力はすでに市場に対し三割過剰。トヨタのフランス進出は競争をいたずらにあおるだけ」（プジョー・シトロエン・グループの幹部）と、辛辣《しんらつ》な声も聞こえてくる。

トヨタも無用の摩擦を避けようと、英国で生産するカローラにプジョー製ディーゼルエンジンを搭載するなど、現地との〝融和策〟を慎重に打ち出す。一方で流通再編など足元の販売戦略を大胆に進めていく。ヤリスの正否は二十一世紀の国際戦略を左右するだけに、欧州のかじ取りはいままさに重要な局面を迎えている。

部品メーカーに競争の波

英国バーミンガム市から車で約一時間。テルフォード市にあるデンソー・マニュファクチャリングUKは、エアコンシステムやコンデンサーを生産するデンソーの欧州の戦略拠点だ。延べ床面積は五万三千平方メートル。設備には約二百億円を投資してきた。九二年の操業開始当初は本田技研工業の英国産「アコード」や、アコードをベースにしたローバー「600」にエアコンを納める程度だったが、徐々に英国トヨタや、アウディ、ボルボ、ベンツ、BMWなど取引先を拡大。九八年の売上高は日本円で二百八十九億円の見込み（前年比二八％増）と、欧州ではフランスのヴァレオ、ドイツのベアー、GM系の米国のデルファイに続きカーエアコンで四位となっている。

九八年春、フォルクスワーゲン（VW）の本社で「パサート」の次期モデル用エアコンシステムの入札があり、デンソーUKの大下昌社長らは並々ならぬ決意で入札に臨んだ。VWとの取引はまだ少なく、もし受注できれば年間生産三十万台のパサートだけでなく、他のVW系企業との取引拡大の端緒にもなる。

VWのフェルディナンド・ピエヒ社長は、部品は一マルクでも安い方を選ぶ「徹底したコスト削減主義者」として恐れられている。デンソーもピエヒ社長の購買方針を斟酌《しんしゃく》し

図表5-7●デンソーUKの売上高

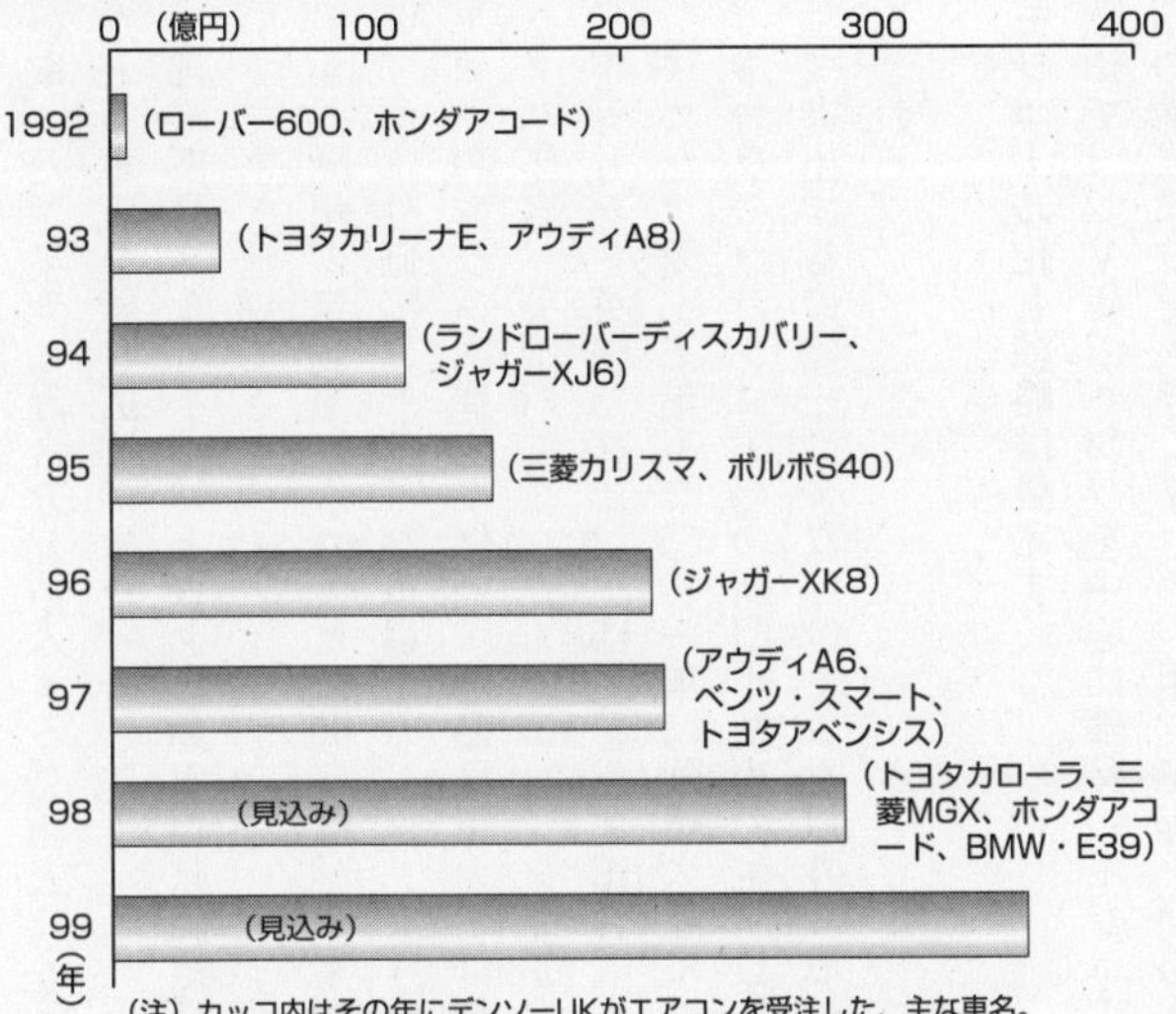

(注)カッコ内はその年にデンソーUKがエアコンを受注した、主な車名。
1ポンド=237円で換算

ながら、愛知県刈谷市のデンソー本社と何度も連絡を取り、採算ぎりぎりの価格を設定した。

しかし、ヴァレオはデンソーをさらに下回る入札価格を提示。結局、目の前の獲物は欧州最大のライバルにさらわれた。「採算割れに違いない」。デンソー幹部の悔しさ混じりの言葉も、「コスト競争力の差」で片づけられてしまうのがビジネスの世界だ。

価格がすべて、ドライな市場

無論、デンソーも手をこまぬいているわけではない。ドイツのBMW「E39」の新型モデルのエアコンは、デンソーがヴァレオから奪い取った。年十二万台分を納入する。過去にもデンソーは英国ジャガーのエアコンを取るなど争奪戦を繰り広げてきた。

中部の部品メーカーは、トヨタ自動車の原価低減の厳しい要求に耐えながらも、その庇護の下で生き延びてきた。

しかし欧州の自動車メーカーとの間には、日本的な〝持ちつ持たれつ〟の関係は通用しない。ずばり価格のドライな市場だ。

トヨタのフランス進出に伴い、部品メーカーは相次いで欧州進出を決めた。アイシン精機は九八年春、英国バーミンガムでエンジン部品の生産を始めた。また、東海理化は二〇〇〇年五月から英国でスイッチ部品を、豊田合成も英国で二〇〇〇年末からゴム部品の生産を決めた。愛三工業も二〇〇一年に欧州大陸に進出し、燃料ポンプの生産を始める方針だ。トヨタのフランス工場の新型小型車の生産数量は年十五万台程度で、部品メーカーが単独で進出するにはやや少ない。トヨタ以外に取引を求めるならば、激しいコスト競争にさらされる。

モジュール化も戦略は見えず

欧州では、VW、ベンツを中心に部品のモジュール（複合）化の流れが加速している。部品の構成単位を大きくまとめ、組立工程を簡略化することで大幅にコストダウンする。

完成車メーカーはこれを機に、モジュールを組み立てる一次メーカーと、単品ごとに作る二次メーカーに選別しようとしている。

「部品の品質、価格とともに、モジュール化に対応できるシステム力の有無が業績を左右する」。モジュールメーカーとして台頭するドイツのVDO社のメンツェル副社長はこう指摘する。欧州では、モジュール化に対応した企業買収や提携の動きも活発になってきた。

日本では最大の自動車部品メーカーであるデンソーでさえ、モジュール化に明確な戦略を見いだせていないのが現状だ。グループ部品メーカー進出の前途は決して楽観できるものではない。

〝カイゼン〟定着に奮闘

フランスでも食通の町として名高い中部の都市、リヨン郊外にある光洋精工とルノーの合弁会社「SMI」。フランスの企業風土に、徹底したコスト管理の日本式生産システムは根付くのか。SMIの工場をのぞいてみると、日本側の奮闘ぶりがうかがえる。

「今年一月から二万三千七百十五フランがごみ箱に！」――。

SMIのバルブの加工ラインには、こんな内容のイラストがボードに張ってある。改善の五項目である「品質」「清潔度」「提案」「生産性」「安全」の達成度合いは、壁に描いた太陽の輝き具合で一目瞭然。ホワイトボードには、従業員から寄せられたカイゼン提案メモがいくつも張り出されている。

「〝カイゼン〟活動のコツは、従業員にわかりやすくすること」（ＳＭＩのフランス人スタッフ）。ごみ箱のイラストは、作業の無駄がどのくらいの損失になるか一目で把握できるようにした。改善メモは従業員の競争意識をくすぐり、みるみる提案件数が増えてきたという。

光洋精工が、ルノーの全額出資だったＳＭＩに資本参加したのが九一年。日本式生産システムを定着させる試みは、品質向上につながった。販売先はそれまでルノー一〇〇％だったが、品質を武器に他社への取引拡大に成功。いまではトヨタのほか、フォルクスワーゲン（ＶＷ）、ボルボなど欧州の主要メーカーにステアリングを納入するほどに成長した。九八年の売上高は十六億六千万フランと前年比一五％増加した。

徹底した無駄の排除と品質管理を追求し、国際競争力を身につけたトヨタグループ。二〇〇一年のフランス進出を控え、欧州にトヨタ生産方式を根付かせるチャレンジが続く。

英国人社員にも流儀実践求める

「われわれの経営の目的は英国人がトヨタ生産方式を実践できるようにすることだ」。トヨタ・モーター・マニュファクチャリングＵＫ（英国バーナストン市）の山本隆彦副社長

図表5-8●トヨタグループの欧州の主な拠点

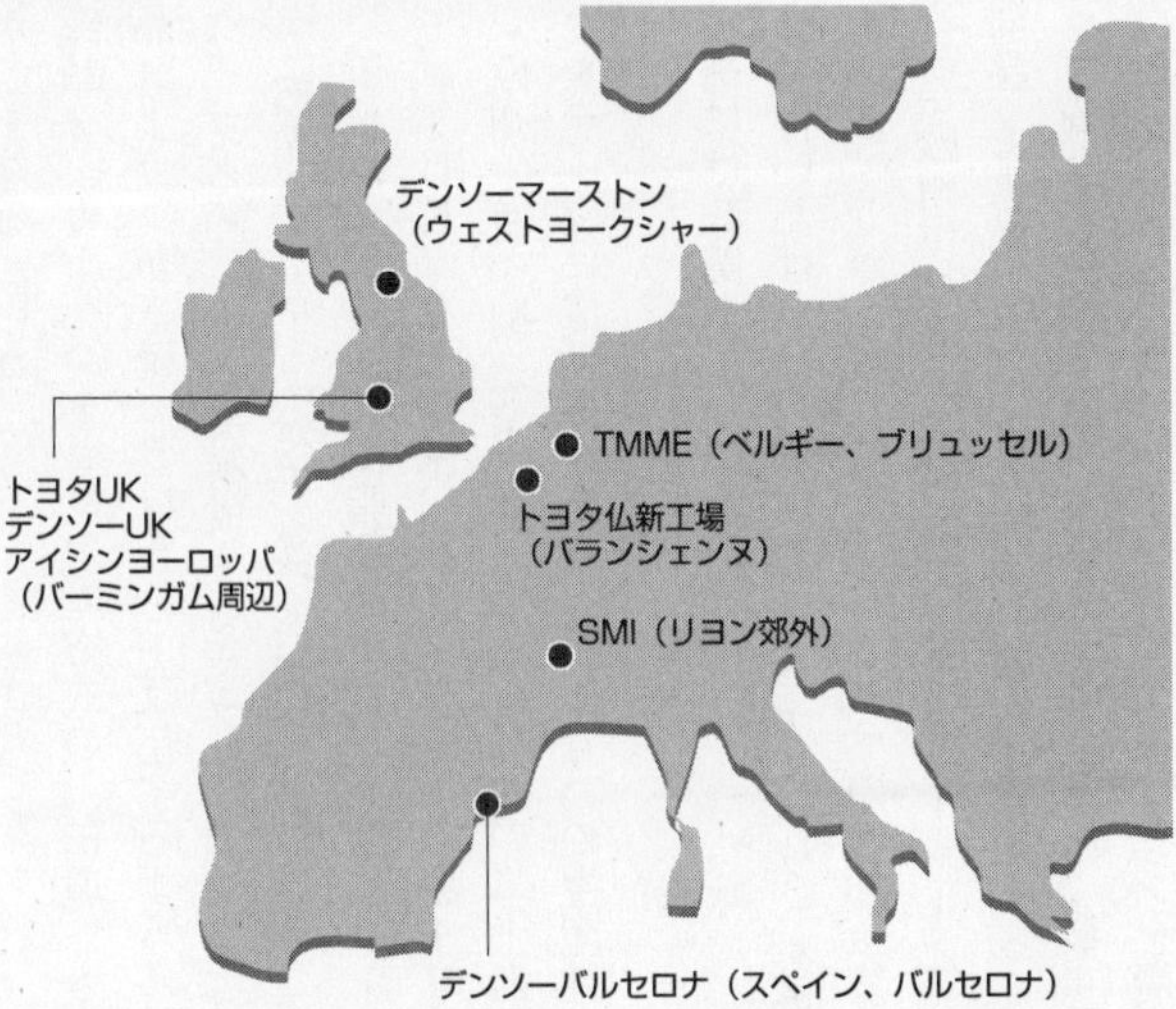

は明言する。社員三千人のうち、日本人は六十人。現地採用のうち九割が自動車工場での勤務は初めてという人たちだ。

彼らには「カスタマーファースト（顧客優先）」「フレキシビリティー（柔軟性）」などわかりやすいキーワードで、トヨタ方式を説明する。「のみ込みは早い」と山本副社長は現地社員を評価するものの、「生産性は五年前の日本と同じ」。さらなるレベルアップに意欲を燃やす。

現時点ではトヨタ生産方式の歴史の差は明らか。「作業のスピードは日本の七割程度」（デンソーUK）で、日本のU字型ラインのように一人に複数の作業を担当させると、無駄が多くなるという。

部品メーカーへのトヨタ生産方式の〝伝道〟も欠かせない仕事だ。トヨタからの指令を部品メーカーが正確に受け止め、反応するように神経を張り巡らす役割を担うのが、現地スタッフら約二十人で構成するサプライヤー・パーツ・トラッキング・チーム（SPTT）。部品メーカーに対する技術支援請負人だ。二十社以上がSPTTの指導を受けている。デンソーUKも、樹脂部品やプレス部品メーカー十社に技術指導に赴く。

トヨタUKは九七年末、部品メーカーの集まり「協豊会」の欧州版とも言える「TEAM（欧州トヨタ製造業者協会）」を地元の二十四社と結成した。「原価低減」「品質管理」などをテーマに成功例を研究し、お互いの生産性を高めていく目的だ。

浸透には難関も

緒に付いたばかりの欧州では、「ケイレツ」を構築しないとトヨタ方式は前へ進まない面もある。しかし現状ではTEAMへの参加企業は全仕入れ先百六十社のうちわずか二十四社。「欧州でシェア三％弱では部品メーカーに対する発言力も弱い」（トヨタと取引のある部品メーカー）。トヨタ方式の浸透はそうたやすくない。

フランスで生産する「ヤリス」は、欧州で最も競争の激しい排気量千ccクラス。トヨタはフランス・バランシエンヌの工場プランを着々と進める一方で、部品メーカーには早くも三〇%の原価低減を要求、コスト競争の備えを進めている。日本流がどこまで通用するのか。その成否と見極めが欧州での事業の行方を左右する。

6　国際化への壁

「外資提携」考えず

「ダイムラー・クライスラーの誕生やフォード・モーターのボルボ乗用車部門の買収、日産とルノーの提携。わずか数カ月の間に国際的規模での合従連衡が進んだ。新しい施策を新しい視点で発展させることが急務だ」——。

奥田は、一九九九年四月十三日の社長交代会見で、こう語った。

自動車業界で進む世界的な再編劇に対し、トヨタは一線を引いてきた。ダイハツ工業、日野自動車工業やデンソーなどとの結束を強化、グループ力を最大限に引き出すことで世界を相手に戦う。新社長になる張富士夫氏も会見のなかで「外資との提携は全く考えていない」と明言。従来路線を継承する考えを示した。

だが、トヨタがこの〝純血主義〟の戦略に絶大な自信を持っているとは言い切れない。「単独で生き残りが可能なら、何も文化や考え方の違いを押してまで無理をして外資と一緒になる理由はない」。奥田はこうした発言を繰り返しているが、それを裏返せば、経営

図表5-9●奥田社長時代に稼働、または建設が決まったトヨタ自動車の主な海外生産拠点

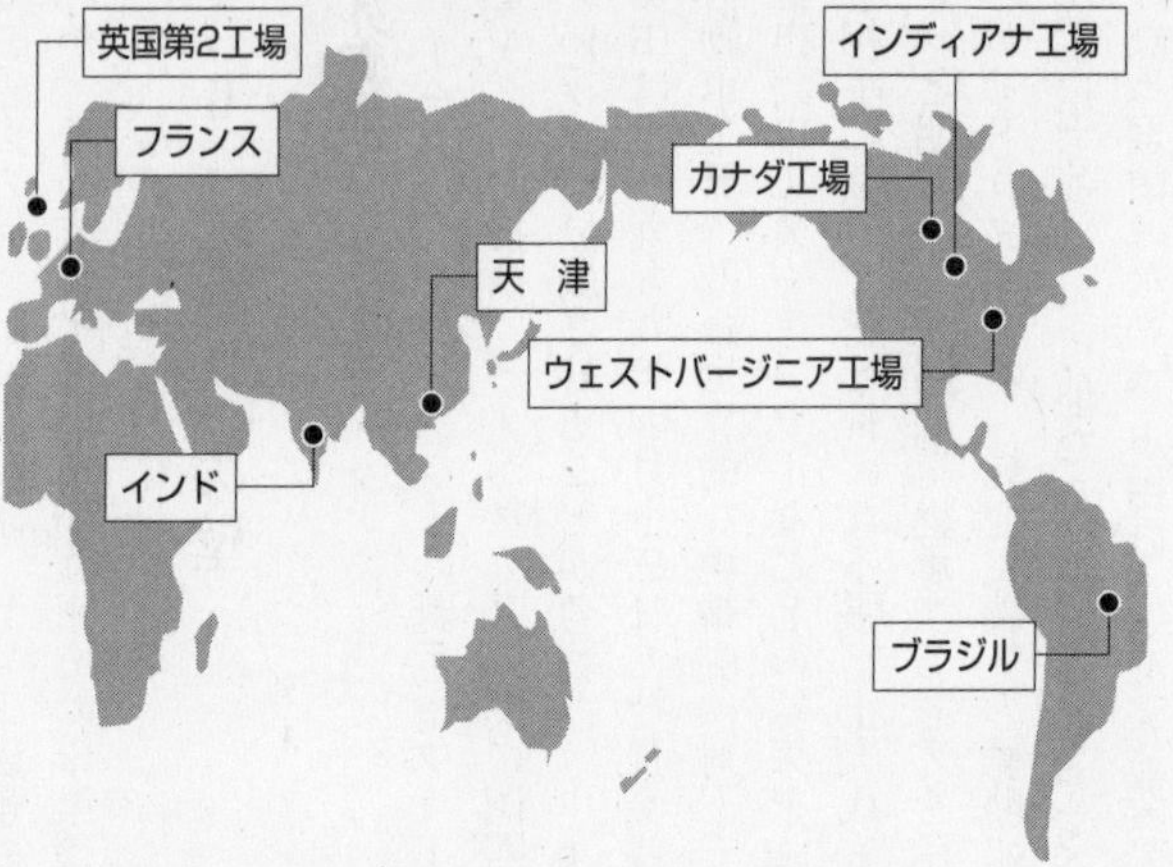

体制をグローバル化できるレベルにまでトヨタが達していないことを認めているともとれる。

最大の課題は人材面の国際化

「将来、この国からもトヨタの経営を支える人材が出てくることを期待する」。かつて、奥田が訪問先のタイの現地工場でこんな演説をぶち、周囲を驚かせたことがある。現地社員の経営層への登用を可能にし、優秀な人材を集める体制を築いていかなければ、いくらグローバル経営を標榜《ひょうぼう》しても限界があるとの認識がある。

奥田の社長在任の四年間は、急速な海外展開の時期でもあった。米国ウェストバージニア工場に続き、フランス工場の立ち上げも決めた。自動車の海外工場建設は通

常、四、五年がかりのプロジェクトとなる。それから考えればかなりの勢いだ。ほんの十年前までは「三河の殿様」と揶揄《やゆ》されたトヨタだが「世界のトヨタ」へ変身しつつあるといえる。

工場展開という「ハードの国際化」の道筋は固まった。しかし、最後に残された課題が人材面の国際化。世界の巨大メーカーや各地のトヨタ社員を相手に交渉や対話ができる人材を育てる「人のグローバル化」はまだこれからだ。

そうしたなかで、九九年にスタートしたのが「ＣＡＤＲｅ（海外事業体人材登録・登用制度）」という新しい国際人事制度。世界各地の現地法人で採用した経営幹部の人事データベースをつくり、現地法人間や本社との人材交流を進めるための資料とする。石垣を一つひとつ積み重ねて城を固めるトヨタらしいやり方だが、奥田自身、トヨタの経営が人の問題も含めて真に国際化されるには最低でも十年かかることを認めている。

トヨタにとって最低の賃上げ率で終わった九九年の春闘。「日本の賃金水準は世界でですでに最高。米国と総コストを比較すると『カムリ』クラスで一台当たり二千ドルもの差がある」。幹部は危機感をあおるのに躍起だったが、「国内トップの優良企業」という意識が残る社員にとって、賃上げに対する会社側のかたくなな姿勢は驚きだった。社員一人ひとりの意識を世界レベルに引き上げるには、まだ時間がかかる。

「きちんきちんと経営の世代交代を進めていくことが重要なんだ。そうしないと、昔の

『三河のトヨタ』に逆戻りする」――。

社内のだれも知らない「社長定年六十五歳」を口にして交代を決断した奥田。その「世界のトヨタ」への思いは、張氏をはじめとする次の世代に託された課題でもある。

第6章

デンソー
――岐路に立つグループ最大子会社

1 世界の「ビッグスリー」へ巻き返し

トヨタ自動車が検討中の持ち株会社構想では、日本最大の自動車部品メーカー、デンソーの位置づけが焦点だ。二兆円に迫る売上高のうちトヨタの占める比率は約半分にすぎず、残り半分は本田技研工業、三菱自動車工業のほか、米国のゼネラル・モーターズ（GM）、フォード・モーターなど世界の主要企業向けだ。ただ、国内市場の低迷やグローバル競争で、このところ収益力には陰りも見える。

トヨタグループの技術力のカギを握っているデンソーをグループ経営にどう位置付け、なおかつ発展させていくのか――。世界的に自動車・自動車部品業界の合従連衡のうねりが強まるなかで、トヨタにとっても重要な経営課題だ。

あっという間の四位転落

「世界のビッグスリーを目指す」――。デンソーの岡部弘社長（当時）は口癖のように語る。これは国際的な合従連衡が進む自動車部品のグローバル競争に対する岡部社長の〝宣戦布告〟にほかならない。

デンソーの連結売上高は九九年三月期で一兆七千五百八十八億円（前期比五％増）、連結経常利益は千六十六億円（同一九％減）。売り上げ規模ではGMから分離した世界最大手のデルファイ・オートモーティブ・システムズ、フォード・モーターが社内分社したビステオン・オートモーティブ・システムズ、そしてドイツのロバート・ボッシュに続き第四位だ。

そもそもデンソーには、九〇年代半ばまで、ボッシュを抑え自動車部品で世界トップの座にいたとの自負がある。四位は納得のいくポジションではない。「合併で規模を拡大したボッシュやGMから分離したデルファイの誕生で、あっという間に四位まで落ちた」（前川勲常務）。

十九品目で首位を狙う

同社の「巻き返し戦略」はまず世界シェアトップの品目を増やすこと。現在デンソーは主力のカーエアコン、メーター、燃料ポンプといったエンジン周辺部品など計十二品目で世界トップ（個数ベース）だ。これを二〇〇五年をメドに十九品目まで増やす。酸素センサーは一位ボッシュとわずか一％の差だが、GMなどがデンソー製の酸素センサーの採用を増やすため、近く順位は入れ替わり、十三番目のトップ製品になる見通しだ。

シェア確保のためには、これまで消極的だったM＆A（企業の合併・買収）も取り入れる。九九年三月にはイタリア、フィアット系の部品メーカー、マニェーティ・マレッリの

図表6-1●デンソーの売上高の内訳

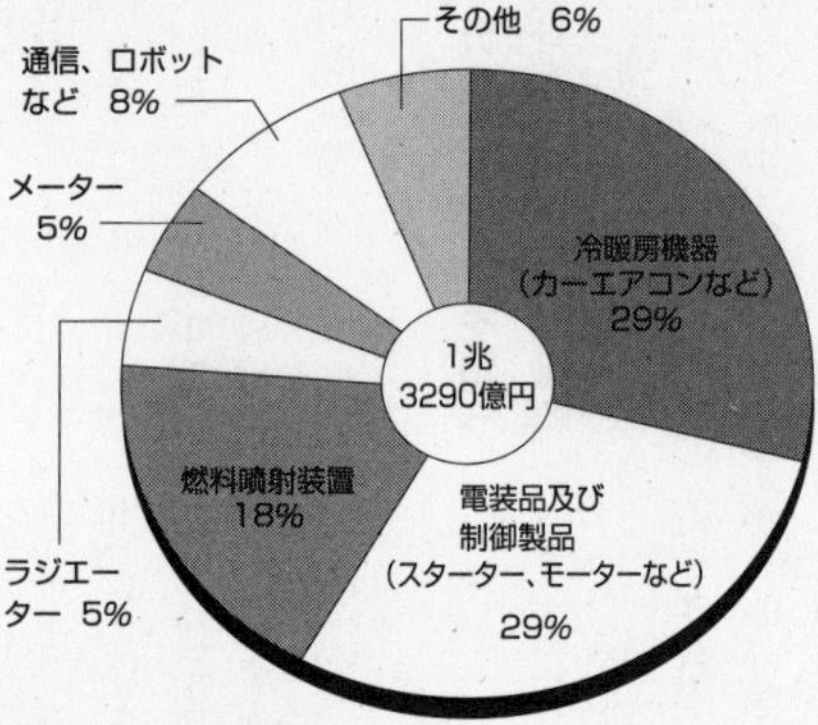

（単独ベース、99年3月期）

電装品事業を約百八十億円で買収した。このM&Aで、デンソーはほとんど手つかずだった欧州の電装品市場で一気に二〇%のシェアをもぎ取り、ボッシュ、フランスのヴァレオに続き三位の座についた。「シェアを奪うには新技術の開発か買収しかない。今後もいい〝物件〟があれば検討する」（デンソー幹部）。

ITSを追い風に

デンソーにとって追い風なのは、国内だけで五十兆円市場とも言われる高度道路交通システム（ITS）が実用段階に入ったことだ。ITSに不可欠な電子制御技術はもともと得意分野。IC技術は三十年の蓄積がある。例えば、電子で燃料噴射を制御するEFI（電子制御式インジェクション）は、日本ではデンソーがいち早く実用化し、いまでは自動車の燃費向上に

図表6-2●デンソーの主な製品（自動車部品）

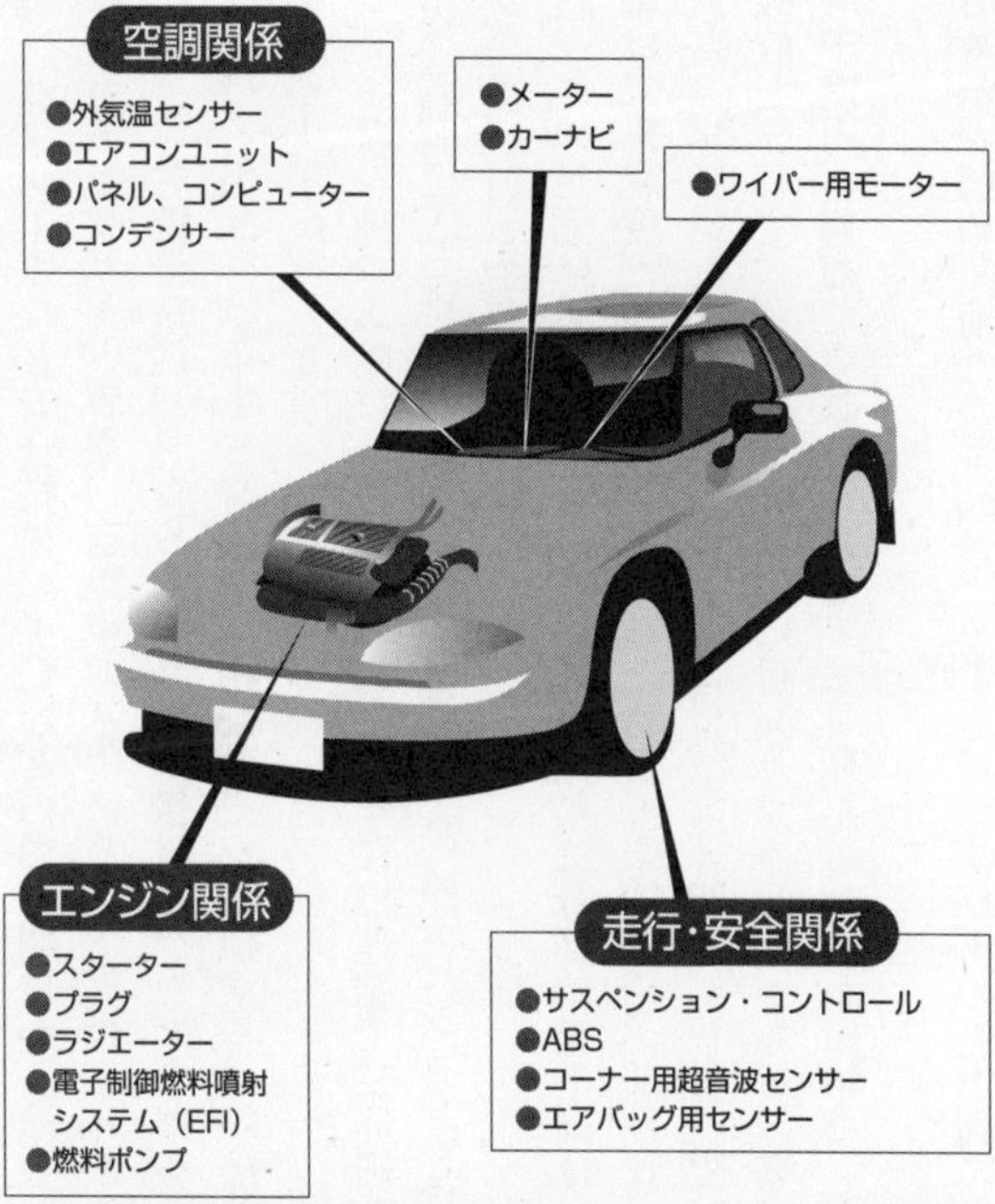

デンソーの世界シェアトップ品目（カッコ内は2位のメーカー）

スターター（ボッシュ）、オルタネーター（ボッシュ）、燃料ポンプ（デルファイ）、メーター（ビステオン）、カーエアコン（デルファイ）、コンプレッサー（デルファイ）、カーヒーター（ヴァレオ）、バスエアコン（三菱重工業）、ワイパーモーター（ITT）、ウォッシャーモーター（メス）、ウインドーモーター（ITT）、リレー（シーメンス）

（注）97年、個数ベース、日本経済新聞社調べ

は欠かせない技術となった。

さらにはブレーキなど安全技術、ICなどの素材開発から派生した液晶や衝突回避につなげる超音波センサー。将来、自動車のキーにとって代わるとされるICカード、カーナビゲーション、携帯電話、PHS（簡易型携帯電話）などの情報・通信技術。一見、まとまりに欠ける製品群がITS時代では相乗効果を発揮する。岡部社長は「デンソーの事業そのものがITSだ」と言い切る。

デンソーは一連の戦略によって、二〇〇五年には連結で三兆円近い売上高、連結ROE（株主資本利益率）は一〇％以上（現五％）に高めるビジョンを描いている。実現すればデルファイに迫る企業規模になる。

ただ、その足元は盤石とは言い難い。九九年三月期は売上高は一兆三千二百九十億円と減少幅は三％程度だったが、経常利益は六百九十四億円、前期比二七％減と二年連続の二ケタ減益（単独ベース）。利益率が低い自動車部品は、売上高が減ると人件費などの固定費を吸収しきれず、利益がそれ以上に目減りする傾向がある。売上高が過去最高、経常利益が一千億円を初めて突破した九七年三月期からわずか二年で、経常利益は三〇％減少した。

対日攻勢を強める海外の部品メーカーも、デンソーの売上高の半分を占めるトヨタを最大の標的としている。愛知県豊田市周辺は、いまや部品外資の進出ラッシュだ。「これからの部品調達は技術とコスト重視。デンソーといえども特別扱いしない」（トヨタ首脳）。デンソーの経営はいよいよ試練の時を迎える。

2 欧州市場攻略の課題

何が何でも受注せよ！

ドイツのフォルクスワーゲン（VW）が二〇〇三年にも全面改良を予定している主力車種「ゴルフ」。その主要部品の競争入札がこのほど始まった。デンソーをはじめ米国のデルファイ、ビステオン、ドイツのベアー、フランスのヴァレオ、ドイツのボッシュなど世界の自動車部品メーカーが軒並み名乗りを上げている。

ゴルフの生産台数は世界で年八十万台以上（九八年実績）。一車種としては世界最大規模だ。デンソーにとってVWは大手自動車メーカーのなかではあまり取引がなく、九八年春はゴルフと並ぶVWの主力車種「パサート」のカーエアコンをヴァレオに奪われたばかり。ゴルフの入札が決まるのはまだ先だが、厳しい価格競争を勝ち抜いて「何としても取りたい」と海外担当の内山浩志常務は意気込む。

二〇〇五年に三兆円近い連結売上高を目指すデンソーにとって、欧州市場の攻略は欠かせない。九九年三月期決算では北米・中南米市場の売上高は四千三百七十二億円で全体の二五％に達しているのに対し、欧州の売上高は千四百八十億円で全体の八％にすぎない。現在、英国、スペインなど五カ所でカーエアコン、点火装置などを生産している。

〝恩師〟ボッシュとのしがらみ

デンソーが欧州市場に出遅れたのは、ボッシュの存在にほかならない。同社にとっては単なるライバル以上の存在なのだ。

デンソーが四九年にトヨタ自動車工業（現トヨタ自動車）から分離した後、経営難による人員整理などで息も絶え絶えになっているところに手を差し伸べたのが、ほかならぬボッシュ。五三年に提携し「技術開発のシステム、生産管理、販売システム、アフターサービス、そして経営管理の手法まで学んだ」（「日本電装35年史」から）。

いわばデンソーには〝恩師〟に当たる存在。しかもトヨタ自動車、豊田自動織機製作所に続き五％を出資する大株主でもある。九一年には北米で燃料ポンプの合弁事業「ＡＦＣＯ」（サウスカロライナ州）を立ち上げたほか、現在も年二回、トップ交流の場を持つなど「競争と協調の関係」（岡部社長）が続いている。

しかし、激化する部品業界の競争のなかでいつまでも「協調」ばかり言っていられない。トヨタが二〇〇一年からフランスで小型乗用車「ヤリス」の生産を開始するなど、欧州には格好のビジネスチャンスが待ち構えているからだ。「二〇〇五年には欧州の売上高

図表6-3●デンソーの主な欧州生産拠点

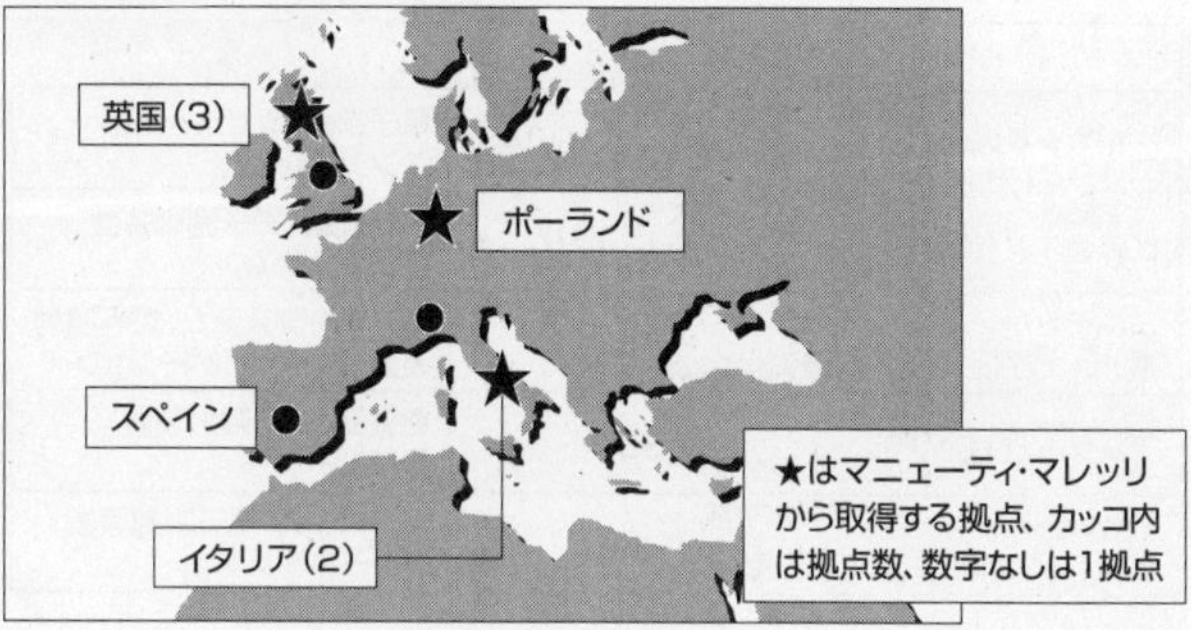

を現在の二倍近くまで増やしたい」（内山常務）。

過去を断ち切る時

欧州での拠点を拡大する過程で、デンソーは、これまでボッシュという〝虎〟の尾を二回踏んだ。一回目は、九七年に発表したハンガリーでのディーゼル噴射ポンプ事業だ（九九年六月生産開始）。ディーゼル噴射ポンプは、ボッシュの主力事業のひとつ。そして「一度踏んだ尾をさらにぎゅっと踏んだ」（同社幹部）のが、九九年三月のマニェーティ・マレッリの電装品事業の買収だ。

実はマレッリの買収を検討している段階で、ボッシュからも「欧州で電装品の合弁事業をやらないか」という打診が水面下であった。しかしデンソーは「ボッシュ相手では主導権が取れない」（大岩路雄常勤顧問＝当時副社長）と断った。「部品のビッグスリー」に食い込むには世界三位のボッシュを追い落とさなければ

図表6-4●世界5大自動車部品メーカーの売上高と主要製品

	売上高（億ドル）	主な製品
デルファイ（米）	284	電子部品、シャシー部品 エンジン用部品
ビステオン（米）	178	燃料貯蔵、電子制御装置 空調システム
ロバート・ボッシュ（独）	165	ブレーキシステム、燃料噴射装置、カーナビゲーション
デンソー（日）	130	電装品、燃料噴射装置 ラジエーター
TRWルーカス・バリティー（米・英）	128	エアバッグ、電子制御装置 ブレーキシステム

（注）米オートモーティブニュース誌の資料などから作成。売上高は原則として98年。

ばならないからだ。一方のボッシュも、ゼクセルを子会社化するなど日本での事業拡大にいよいよ乗り出してきた。

いまのところ、ボッシュがデンソーとの提携を解消する気配はない。しかしボッシュが持つ五％の株についてはデンソーも「注視している」（幹部）。仮に売却すれば一千億円ほどのキャッシュがボッシュに転がり込む。アジアの拠点整備を進めるボッシュには重要な資金源、と言えなくもない。

四十年以上続く恩讐を超えた関係に終止符を打つ時が来るのかは「ボッシュの判断次第」（同）。両社が完全な競争関係に突入するかはわからないが、部品メーカーの世界競争がここまで激しさを増してきたことは確かだ。

3　疑似カンパニー制――生き残りかけた経営改革

敵に勝つ体制

「生き残るために経営をどう変えていけばいいのかを考えろ」。今をさかのぼる一九九七年四月、岡部弘社長の号令のもと、経営企画部門を中心とする「連結経営プロジェクト」が発足した。そのころ欧米の自動車部品業界では、九六年に米国バリティーが英国ルーカスと、米国モートンがスウェーデンのオートリブと合併するなど、部品のモジュール化（複合化）にからんだ大手同士のM＆Aがすでに本格化していた。「わが社も従来の枠の中での経営では世界の流れに追いつかなくなるのでは」。募る危機感が岡部社長を動かした。

そのプロジェクトチームが出した答えが、九九年一月に実施した組織改正の柱〝疑似カンパニー制〟の導入だ。「敵に勝つ体制」（前川勲常務）と明確に位置づけたこの組織改革は、「意思決定の迅速化」と「組織のスリム化」に重点を置き、二〇〇〇年三月期に導入される連結主体の会計制度にも対応している。

疑似カンパニー制では、それまで十六あった自動車部品関連の事業部を再編、「エンジン」「電気機器」（モーター、スターターなど）「電子機器」「カーエアコン」を四事業グループの傘下に置く。各グループには営業を除き、研究開発から経営企画まで一企業に近い

図表6-5●デンソーの経営体制

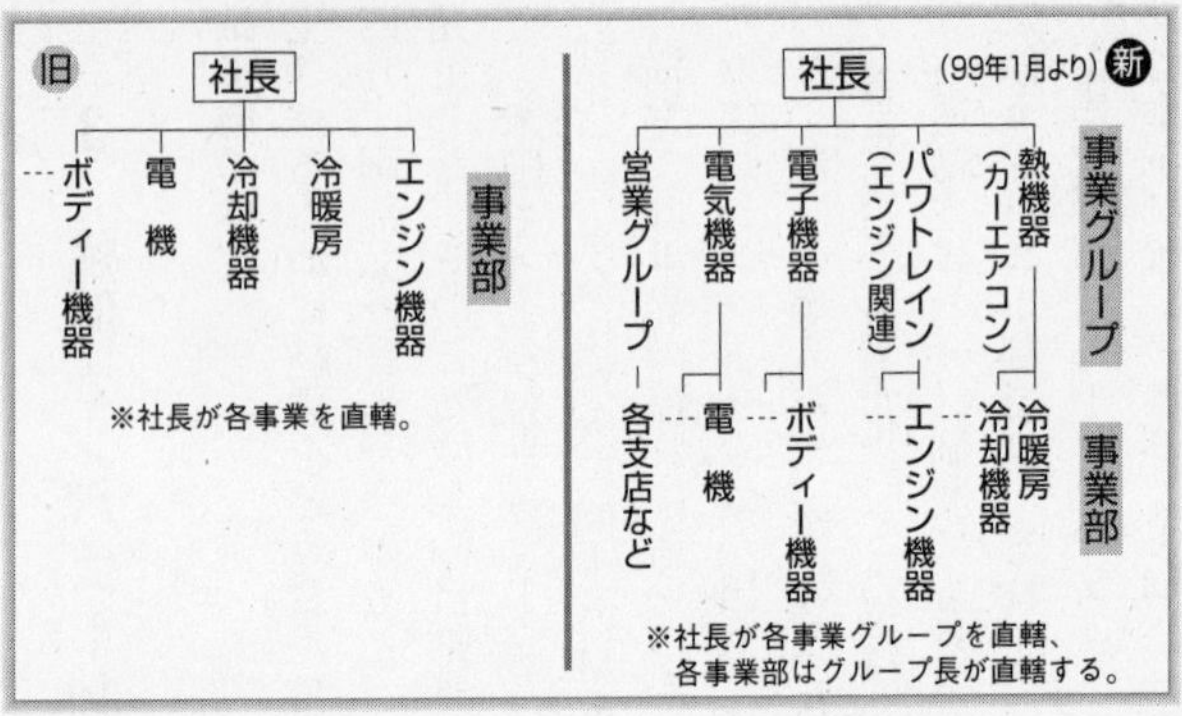

機能を持たせ、事実上カンパニー制に近い運営形態になる。

権限委譲し結果を問う

例えば、売上高で約四千億円に達するカーエアコン担当の「熱機器事業グループ」は、グループ長である深谷紘一常務が「社長」として経営責任を負う。カーエアコン事業をどう育てていくのか、デンソーのグループ企業も含めた連結ベースの中長期戦略を立案し、最高経営責任者(CEO)である岡部社長に約束する。

そのうえで、十億円までの投資の決裁やグループ内の人事異動の権限などを与えられる。岡部社長は「目標を作った後のグループの運営には基本的に介入しない」。これまで「事業審議会」「事業部長会」など五つあった社長主催の定例の経営会議も、現在は開発案件を検討する「開発審議会」

図表6-6●デンソーが手がける主なモジュール部品

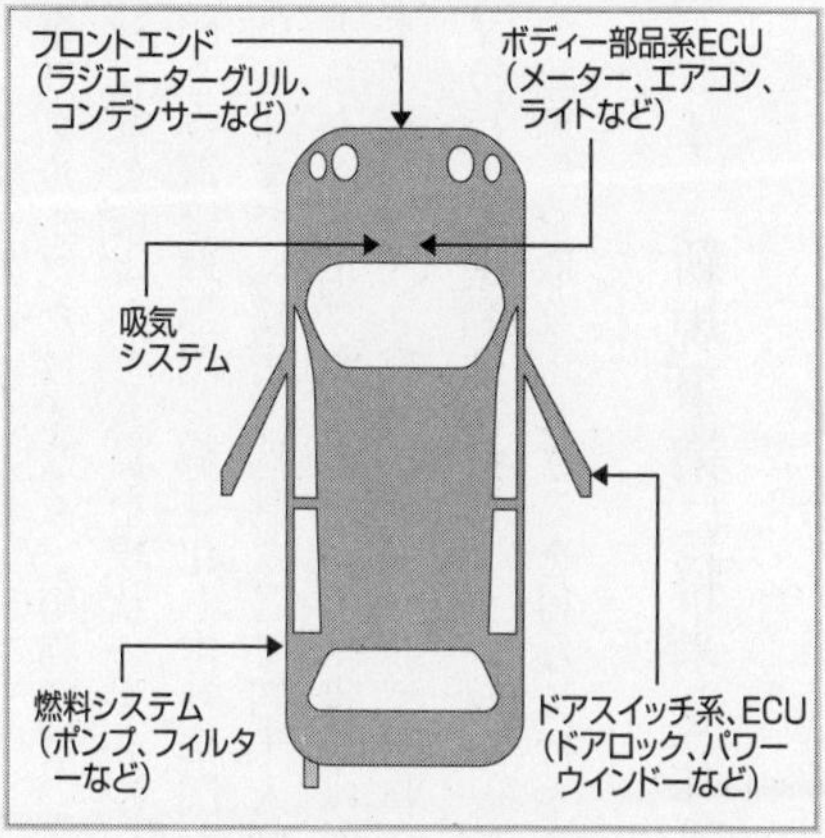

を残すだけ。「事業審議会」などはグループ長が主催するようになった。

半面、グループ長はROA（総資産利益率）やキャッシュフローなどの指標について結果責任を問われる。グループの収支状況は五営業日ごとに集計し、七日目には岡部社長の手元に届く。著しく経営が悪化するようなら〝クビ〟さえもあり得る「信賞必罰」（岡部社長）の論理だ。九九年秋をメドに各グループが事業計画をまとめ、二〇〇〇年度から疑似カンパニーが本格稼働する予定だ。

疑似カンパニー制では、事業部をグループによって大くくりにするため、事業部間の連携がいままで以上に柔軟になり、自動車メーカーのモジュール化要請にも応じやすくなる利点がある。モジュール化は欧米大手に比べやや取り組みの遅れていた観のあったデンソーだが、これで「モジュール部品の一次メーカーである〝Tier 1（ティアワン）〟になる」（岡部社長）ための体制は整ったわけだ。

事業グループだけでなく、総務などの本社部門もスリム化を推進する。二〇〇五年には分社化などによって人員を現状の半分の三千人まで減らす。すでに九九年四月以降、保守部門と物流管理部門を分社化し本社部門から七百人を減らした。デンソー本体の人員も二〇〇五年までに採用の抑制などで四千人削減し三万五千人とする。

トヨタグループ企業のなかで、役員に対しここまで明確な権限委譲と結果責任を貫く経営は、まれといっていい。しかし、欧米の部品大手は必要なら事業部門を自由に売買してしまうほどの機動性が武器。デンソーといえども世界大手と伍《ご》していくには、冷徹な〝資本の論理〟を取り入れざるを得なくなっている。

4　新規事業に将来を託す

グループ二位の座明け渡す

一九九九年七月二十九日、トヨタ自動車グループの株価順位に異変が起きた。九九年春に東証一部に昇格したばかりの樹脂部品メーカー、豊田合成の株価が終値で二千六百六十円を付け、デンソーの株価（二千五百六十円）を初めて追い抜いたのだ。その後も合成の株価は上がり続け、八月十八日には三千円を超えた。同日のデンソー株は最高値でも二千七百円だった。グループの株価でトヨタに次いで守り続けた二位の座をついに明け渡した。

「新規事業の業績への貢献度の違い」――。両社の株価の勢いの差を証券アナリストはこう分析する。豊田合成のけん引役は携帯電話のバックライトや医療検査機などに使う発光ダイオード（ＬＥＤ）。ＬＥＤだけで実に同社の営業利益（九九年三月期で四十二億円）の半分以上を稼ぎ出している。

一方、デンソーの新規事業も携帯電話をはじめとする通信、ＩＣカードなどの電子応用機器、小型ロボットなど多岐にわたる。しかし、収益面をみると、九九年三月期決算では、営業利益段階で百十一億円の赤字だ。最大の要因は百億円にのぼる次世代携帯電話など開発費。全体の研究開発費の一割に相当する規模だ。

ＩＴＳ向け技術を蓄積

単純に開発費を抑えれば採算は改善するが、岡部弘社長は「ここはがまんの時」としばらく減らす考えはない。携帯電話など移動体通信技術の蓄積は、国内だけで五十兆円市場と言われる高度道路交通システム（ＩＴＳ）で大きな武器になると見ているからだ。

図表6-7●デンソーのITS関連ビジネス

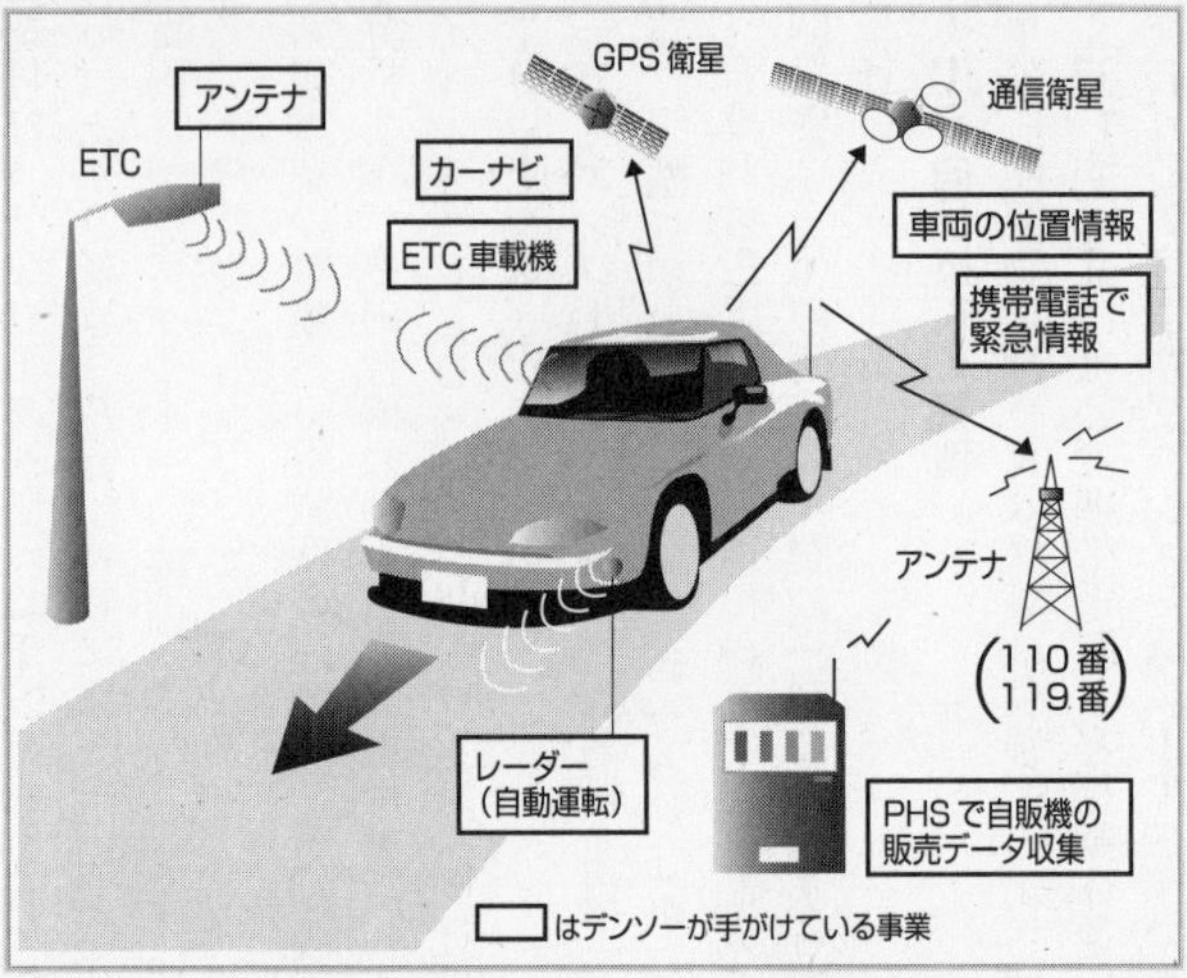

カーナビゲーションなども加えた同社のＩＴＳ事業の売上高は、二〇〇〇年三月期で約二百億円の見込み。ここ数年で前期比五割増のペースで伸びている。「二〇〇五年には少なくとも売上高で千億円、営業利益率で一〇％近い事業に育てたい」。ＩＴＳ事業担当の加藤光治取締役は意欲満々だ。

その土台もある。高速道路の料金所をノンストップで通過できるＥＴＣ（自動料金収受システム）。国内では二〇〇〇年春から首都高速道路などで本格運用が始まる見通しだ。

デンソーはこの分野で一歩リードしている。日本に先駆けてＥＴＣの導入が進む香港、マレーシア、中国などアジア地区で、ＥＴＣ用車載機の受注に相次ぎ成功し、すでに五十万台分を生産している。これだけの生産実績を持つのは世界でもデンソーぐらい。加藤取締役は「車載機ならすぐにも作れる。アジアでの実績と自動車部品メーカーならではの開発ノウハウを武器に国内でもトップシェアを狙う」と語る。

このほか、ダイムラー・クライスラーが九八年秋に日本で始めた緊急通報サービスでは、ベンツに搭載する専用のECU（電子制御装置）を供給。PHSを使った自動販売機の物流管理システムの開発や、衛星やインターネットを利用し走行中のトラックを追跡する物流管理事業など、ITS市場への布石は着々と打っている。

通信業界も評価する「潜在能力」

通信業界も同社の〝潜在能力〟を評価しパートナーに迎え入れる企業もある。デンソーは九八年七月から米国でデジタル携帯電話の生産を始め、同国の長距離電話会社スプリント系の携帯電話事業者に供給し始めた。米国のクアルコムやフィンランドのノキアなどとともにデンソーの端末が選ばれたのは「ITSをにらんで、自動車に詳しいデンソーのノウハウを求めていた」（今井真一郎常務）ため。国内最大手のNTTドコモが九九年四月、次世代携帯電話の端末の調達先としてデンソーを加えたのも同じ理由だ。

巨大市場のITSビジネスでは、通信機器や家電などのメーカーを相手に、自動車ビジネスとは異なる環境での競争が始まる。トヨタも「ITSではデンソーよりも家電メーカーとの協業が多くなるかもしれない」（同社幹部）。岡部社長も「量産技術に優れた家電メーカーは侮れない相手」と気を引き締める。ＩＴＳの果実を享受するためには、トヨタとの取引に安住しがちな従来の経営スタイルの改革を迫られることもありそうだ。

5　経営揺るがすトヨタの持ち株会社構想

再び「トヨタ電装」へ？

デンソーが一九四九年にトヨタ自動車工業（現トヨタ自動車）から分離独立する際に、こんなエピソードがあった。初代社長の林虎雄氏は、トヨタ自動車創業者の豊田喜一郎氏から新会社の社名に「トヨタ」を使うのは遠慮して欲しいと言われたという。「新会社の社名は『トヨタ電装』とするのが無理ないところだがやむを得ない」（「日本電装35年史」から）。

喜一郎氏の真意は、電装品事業の強化には、他メーカーにも広く製品を販売しトヨタから自立することが必要、との考えだったようだ。決まった社名は「日本電装」。四十年以上経過し世界規模でビジネスが広がったため、九六年に「日本」を外し「デンソー」になった。しかし、ここに来て再びデンソーが「トヨタ電装」に舞い戻りかねない状況が訪れている。トヨタが二〇〇〇年にも設立を予定している持ち株会社の構想で、デンソーを傘下に入れる可能性があるからだ。

九九年六月のグループ人事では、トヨタは高橋朗副社長をデンソーの副会長に派遣、まずは人事交流に道筋を付けた。持ち株会社については、いまのところトヨタは「これからグループ各社と話をする段階」（張富士夫社長）として、その具体像を明らかにしていない。しかしその狙いは世界的なM＆A（企業の合併・買収）からの防衛と、燃料電池車など先端技術の開発力の強化の二点にありそうだ。

「グループの論理」に揺れる

岡部弘社長は持ち株会社について「まだ何も聞いていない」と平静を装うものの、本音では現状のまま経営の自主性を確保したいのは明らか。デンソーを傘下に入れる持ち株会社構想には、控えめながらも異を唱える。

トヨタが懸念する海外からの敵対的なM＆Aについては「細心の注意を払っている」（岡部社長）。すでに豊田自動織機製作所との間で、株式の持ち合いを強化することを両社で取り決めた。岡部社長は「個人の意見」と断ったうえで、「M＆A対策という意味ならば、あえて持ち株会社制度にする必要はないのでは」と語る。技術開発面でも「デンソーの最新技術を真っ先に使えるのはトヨタだ」（岡部社長）と〝恭順〟の意を示す。

トヨタには昔から「他社販売申請制度」という仕組みがある。トヨタと共同開発した技

図表6-8●トヨタ自動車グループの人事相関図

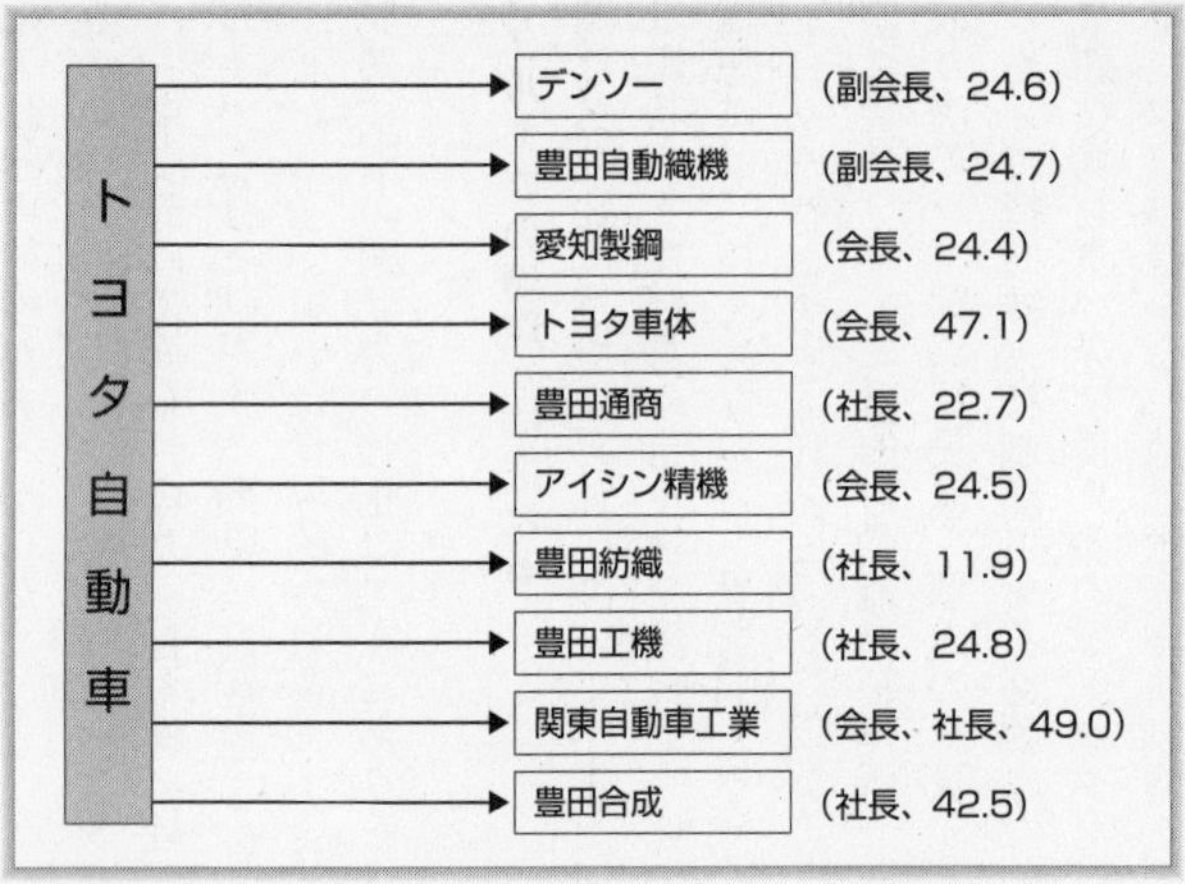

(注)カッコ内は、トヨタの元役員が就くポスト、数字はトヨタの出資比率(%)。

術を、部品メーカーが他の自動車メーカーに販売する場合、事前にトヨタの審査を受けなくてはならない。部品メーカーの独自技術でトヨタが先に採用している場合も含まれる。トヨタが先進性があると判断した技術について長ければ二年程度、他社への販売を制限するケースもあるという。トヨタは「技術の流出」については絶えず気を使ってきた。

それでも九八年春、富士重工業の「レガシィ」にトヨタと共同開発した低燃費技術「VVT—i」が搭載された件で、トヨタ内部から「デンソーはトヨタのライバルに技術を渡すのか」との声が上がった。

むろんデンソーも、やみくもに売り渡したわけではない。トヨタの調達部門か

図表6－9●デンソー売上高に見る取引先別ランキング

①	トヨタ自動車	(45.0)
②	ダイムラー・クライスラー	(7.3)
③	本田技研工業	(6.6)
④	三菱自動車工業	(4.2)
⑤	スズキ	(3.4)
⑥	ダイハツ工業	(3.1)
⑦	マツダ	(2.1)
⑧	フォード	(1.1)
⑨	富士重工業	(1.0)
⑨	フィアット	(1.0)

（連結ベース、％、計1兆7588億円）

らは富士重への販売について許可を得ていた。しかし、自動車業界の競争が世界規模で厳しくなるなか、〝グループの論理〟がトヨタ内部で急速に首をもたげてきたことのあおりを受けた格好だ。

高まるデンソーの〝価値〟

米国などの潮流では、「統合」よりも「分離」で子会社の価格競争力を高め、調達コストを抑える方向にある。GMが部品部門を切り離しデルファイ・オートモーティブ・システムズが誕生したばかり。親から分離することで世界的な競争力を付けたデンソーとトヨタの関係は、部品メーカーと自動車メーカーの理想的な経営モデルと言えなくもない。

それでも、トヨタ内部には持ち株会社にデンソーを加えるべきとの意見は少なからずある。「優れた部品は資本や系列に関係なく売れる時代。デンソーが持ち株会社に入ろうとデンソーのビジネスに影響はない」(トヨタ幹部)。自動車の世界競争の実態は「環境」「安全」をテーマにした開発競争。それゆえにカーエレクトロニクスに優れたデンソーの〝価値〟は「近年ますます高まっている」(同)。

持ち株会社の形態は、最終的には豊田章一郎トヨタ自動車名誉会長やトヨタグループの最高経営責任者(CEO)の奥田らトヨタ首脳の判断一つだ。部品の世界競争とトヨタグループの資本の論理に挟まれながら、デンソーのかじ取りの難しさが岡部社長ら首脳陣に重くのしかかる。

第7章

トヨタ改革は進むか
——奥田・張体制の課題

1 「持ち株会社」――産みの苦しみ

トヨタ自動車の新経営体制が動き出した。一九九九年六月二十八日に東京都内で会見した張富士夫新社長は「奥田碩会長が進めてきた構造改革の路線を具体的な施策として着実に進展させたい」と抱負を語った。世界では自動車メーカー間の競争が激しさを増し、国内でも販売の低迷や生産能力の調整など、内外に多くの課題を抱えたうえでの船出となる。九五年八月に奥田が社長に就任して以来、トヨタは急速に改革を進めてきた。厳しい時代のなかで、奥田を引き継ぐ張社長が改革路線をどう肉付けしていくか、手腕が問われる。

流れに逆行?

張新体制の最大の課題は、懸案になっている持ち株会社制の導入を含めた機構改革。会見した張社長は持ち株会社構想について「グループの結束強化に有効な手段だが、まだ具体的にいつ、どうするかは決めていない」と従来の方針を繰り返すにとどまった。

この発言を見ても、持ち株会社の問題が一筋縄ではいかないことは明白だ。トヨタの持ち株会社の議論自体は、九七年末に奥田が会見の席で発言したことがきっかけ。一時は九九年六月にも新体制に移行すると言われたが、ここに来て、持ち株会社論議はこう着状態が続いている。

持ち株会社を導入する際の最大の問題は、デンソーなど有力な部品メーカーの扱いである。九九年春には、米国のゼネラル・モーターズ（GM）が傘下にあったデルファイ・オートモーティブ・システムズを完全に分離、世界最大の部品メーカーとして独立させた。資本の軛《くびき》から逃れ、取引を広げ規模を拡大することで部品メーカーも競争力を付けていく。資本によって部品メーカーを縛り付けるのは、世界的な自動車業界の流れに逆行するという根強い不満がグループ内にはある。

デンソーの岡部弘社長は「トヨタは売上高の半分を占める最大の顧客。トヨタ離れはあり得ない」と明言。トヨタとの資本関係強化について、やんわりとけん制する。

しかし、それでもトヨタが持ち株会社を指向するのは、世界の自動車メーカーの競争で打ち勝っていくためには、グループ力の結集しかないという判断がある。持ち株会社を使った囲い込みに失敗した際の懸念のひとつは技術の流出だ。

結び付き再構築

「二十一世紀は自動車メーカーではなく、部品メーカーが業界の主導権を握る時代」――。

図表7-1●トヨタの持ち株会社のイメージ（例）

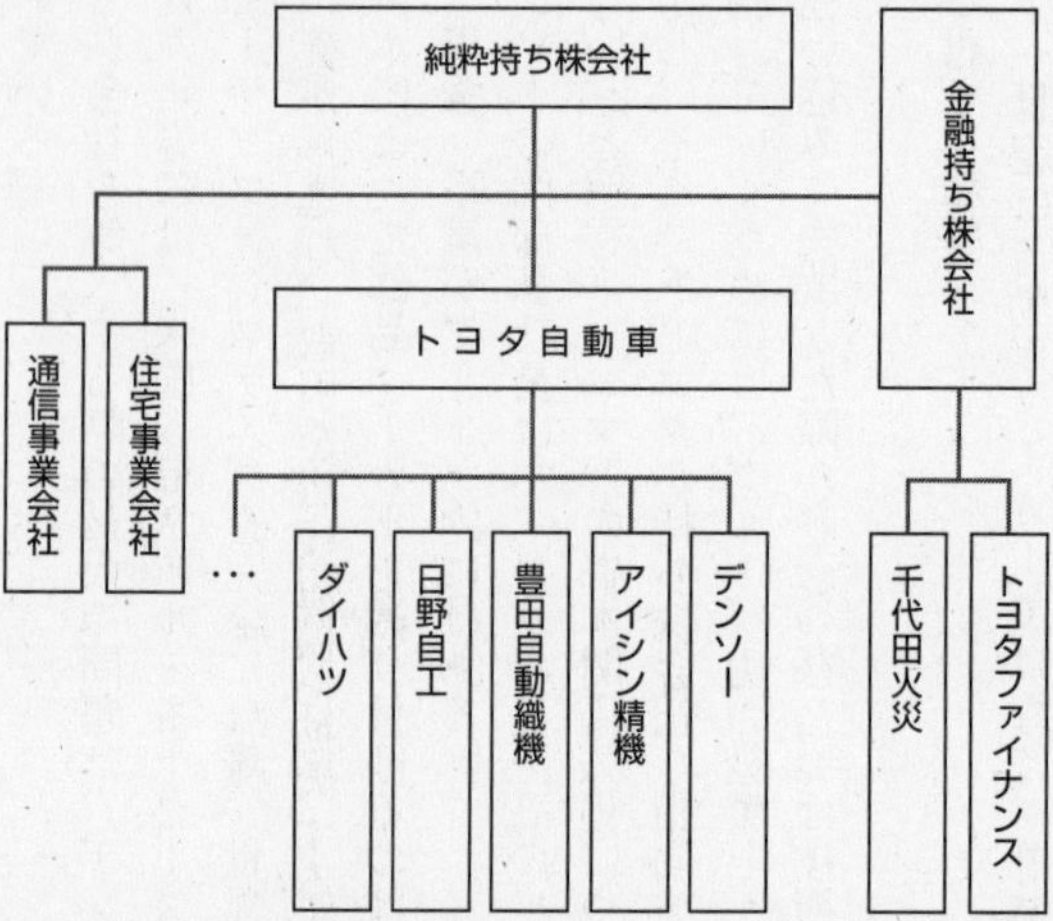

部品のモジュール化、エレクトロニクス化が進展する自動車産業では、部品メーカーの立場が今後一層強くなると見られる。トヨタでも、既にデンソーなどが持つ技術がブラックボックスとなって、トヨタ自身でさえ関与できない領域があると言われる。

「日本でも今後はM&A（企業の合併・買収）が大きなテーマになる。M&Aが起こった場合、資本面での裏付けがないとなすすべがない」（奥田）。資本を使ってグループの結び付きを再構築しておかないと、M&Aで重要な技術をさらわれかねないという危機感は強い。

効率化も大きな課題だ。競争力の高い部品メーカーを傘下に持ちながら、トヨタ自身も広瀬工場（愛知県豊田市）などの部品工場を抱える。自らも部品生産を手がけることで、技術面でキャッチアップするのが狙いだ。

ただ、こうしたグループ内での競争関係は重複投資に陥る危険性をはらむ。もはや、グループ内で切磋琢磨しながら、いいものができたらそれを採用すればいいという時代ではない。ニューヨーク、ロンドンの海外上場を控え、トヨタにとってＲＯＡ（総資産利益率）などを欧米企業並みに引き上げることは大きな課題だ。グループの持つ経営資源を一カ所に集中投資する効率経営が求められている。

迫られる決断

「（持ち株会社制の導入は）いずれはやらなければならないでしょう」。多くのトヨタ幹部は口をそろえる。既に二年越しの議論がなされ、社内でも「部品メーカーを持ち株会社に取り込むことは反対」と公言する幹部もいる。拙速に事を進める必要はない。ただ、あまり議論が長引くようだと、持ち株会社構想そのものがとん挫する恐れもある。

九九年六月二十八日の記者会見後の懇談で、奥田は「囲碁でいえば私は石をばらまいただけみたいなもの。これから中盤に向けてじっくりと成果をあげてもらいたい。（張氏には）それを期待していますよ」と語った。張社長の前には、持ち株会社の導入だけでなく、数々の問題で早期に決断を迫られる局面が出てきそうだ。

2　シェア四〇%の苦闘

目標は変わらず

「軽自動車を含む国内販売シェアでダイハツ工業を含めて安定的に四〇%の確保を目指す」――。張社長は就任会見で、国内販売シェアの目標をこう打ち出した。

奥田は社長就任時に、トヨタ単体でシェア四〇%（軽を除く）を目標に掲げた。トヨタが基準としている暦年ベースのシェアでは、奥田の社長時代は四〇%達成はかなわなかった。しかし、年度ベースでは九八年度に四〇%を回復、そして九九年五月のシェアは四五%を超えた。張社長が打ち出したシェア目標は、達成への自信に裏打ちされた数字に見える。

シェア向上の原動力になったのは、九九年一月に発売した小型車「ヴィッツ」。当初想定した女性や若年層だけでなく、幅広い層に支持され、四月と七月には登録台数で「カローラ」を抜いた。

ヴィッツを販売するネッツ店はもちろん、「販売台数の増加にはなかなか結びつかないが、来店客数は前年比で二割くらい増えた」（トヨタビスタ名古屋の渡辺好彦社長）と、多くのディーラーでは店頭のにぎわいを取り戻しつつある。ヴィッツは販売台数だけでなく、消費者の目をトヨタ車に向けさせるために一定の役割を果たしたと言える。

「販売正常化」宣言、問われる真価

ただ、ここ数年のシェア下降局面での拡大競争は副作用も引き起こした。あるディーラーの社長は「これまで、あまりにも(シェア)四〇%にこだわりすぎて、販売店の経営はめちゃくちゃになった」と打ち明ける。九八年度までの数年間、トヨタはシェア向上を目指し、ディーラーに支給する販売奨励金(インセンティブ)を大幅に増やしてきた。「気が付いたらインセンティブに頼らなければ経営が立ち行かない状態になっていた」(ディーラー社長)。結果として、奨励金を当て込んだ無理な登録、乱売が横行することになりかねない。

トヨタはここへ来てインセンティブの大幅な削減を打ち出し、従来のインセンティブによるシェア拡大路線から急旋回した。九九年六月二十五日の株主総会で、奥田は株主を前に「値引きに頼らない販売を定着させつつある」と販売の正常化を宣言した。インセンティブを削減した九九年度以降も、シェアは四〇%以上を確保しており、当面の目標はクリアした。しかし今後も値引きに頼らずシェアを伸ばすという二律背反とも言える課題を解決するには、商品力の強化が不可欠だ。

「ヴィッツを最初に見たとき、日本ではこんな車は売れないと思った」。あるトヨタ首脳はこう打ち明ける。車づくりのプロをしても、消費動向を見極め、常にヒット商品を出し続けていくことは難しい。ヴィッツにしても、ハイブリッドカー「プリウス」にしても、トヨタにとって新たな市場を開拓した車種で、消費者にこれまでと違う「価値」を提供するという思い切った挑戦ができた。

ただ今後、国内販売を本格的な上昇気流に乗せられるかどうかはクラウンやカローラなど〝売れなければならない車〟の販売を伸ばせるかどうかにかかる。

トヨタはヴィッツの成功から見つけ出した「消費者をひき付ける価値を提供する」という黄金律を、主力車種の開発に移植し始めている。九九年十月に発売するクラウンでは、燃費を大幅に向上させる直噴エンジンを搭載する。二〇〇〇年に発売するカローラはNCV(ニュー・コンセプト・ビークル)として、開発手法から抜本的に見直す。

シェア向上の「本命」である主力車種のフルモデルチェンジが相次ぐ九九年秋以降、「商品の価値を高め、シェアを高める」という販売戦略の真価が問われる局面が訪れる。

3　進む外資との提携——自社技術をどう磨くか

資本面では独立を維持

「フォルクスワーゲン(VW)の部品共通化(の交渉)には期待している。考え方としては面白そうだ」——。張社長は、一九九九年六月二十九日、名古屋市で開いた社長就任会見の後、記者団に囲まれるなかでこう語った。

VWとの提携は、欧州で両社がそれぞれ生産する小型車の排気システムやブレーキなど安全・環境関連の部品を共同で開発し、使用していこうというもの。九九年春に来日したVWのフェルディナンド・ピエヒ社長が奥田（当時社長）と会談、直接申し入れたとされる。VW側は将来、車台（プラットホーム）の共通化も視野に入れているという。交渉は始まったばかりだが、実現すれば世界の自動車メーカーの競争に大きな影響を与えるのは間違いない。

トヨタとVWは、ともに四百万—五百万台程度の自動車を生産する日本と欧州のトップメーカー。グローバルプレーヤーのハードルとされる四百万台を超える生産規模を誇る両社でさえ、激しいコスト削減競争に打ち勝つため、さらなる規模のメリットを追求しようとしている。

トヨタは生産面や技術面での提携には積極的に取り組んできたが、資本関係をテコにした自動車業界の国際的な再編の流れには一定の距離を置いている。

奥田は社長在任時代から「わざわざ文化の違うメーカーを抱え込むより、日本人で効率的にやった方がいい」という持論を掲げてきた。トヨタとVWの提携も、部品分野で手を組むことで、それぞれは資本面での独立性を保ちながら、合併や買収を含めた資本提携に近い効果を上げていこうとする両社の思惑が透けて見える。

技術面での優位にこだわる

トヨタが単独での生き残りを模索しながら、技術面では積極的に提携関係を構築していくのは、変化する自動車技術のなかでデファクト・スタンダード（事実上の標準）を握っていこうとする狙いもある。「世界の自動車メーカーで生き残れるのは五社程度」。奥田はこう言い続けてきた。生き残るためには、技術面での優位性を失うことはできない。

トヨタは九九年四月、ほぼ一年越しの交渉の末、米国のゼネラル・モーターズ（GM）と燃料電池自動車（FCEV）など次世代の環境技術車両の技術研究・開発を進めることで合意した。電気自動車やハイブリッド自動車の制御システム、バッテリーなど複数のテーマを決めて相互の技術者を行き来させ、共同研究を進める。

ただ、トヨタ内部ではGMとの共同開発に関して、迅速に結果を出すことにそれほど期待していないフシがある。GMとの提携当時、技術担当の和田明広副社長（現アイシン精機会長）は「共同開発といっても、お互いに半分をやめるわけじゃなく、結局は自社ですべての技術を開発する。相手と議論することで自社の技術ポジションを客観的に理解できればそれでいい」と強調していた。

成果が出たときには日米の市場で高いシェアを持つ両社の技術はデファクト・スタンダ

図表7-2●トヨタの主な提携関係

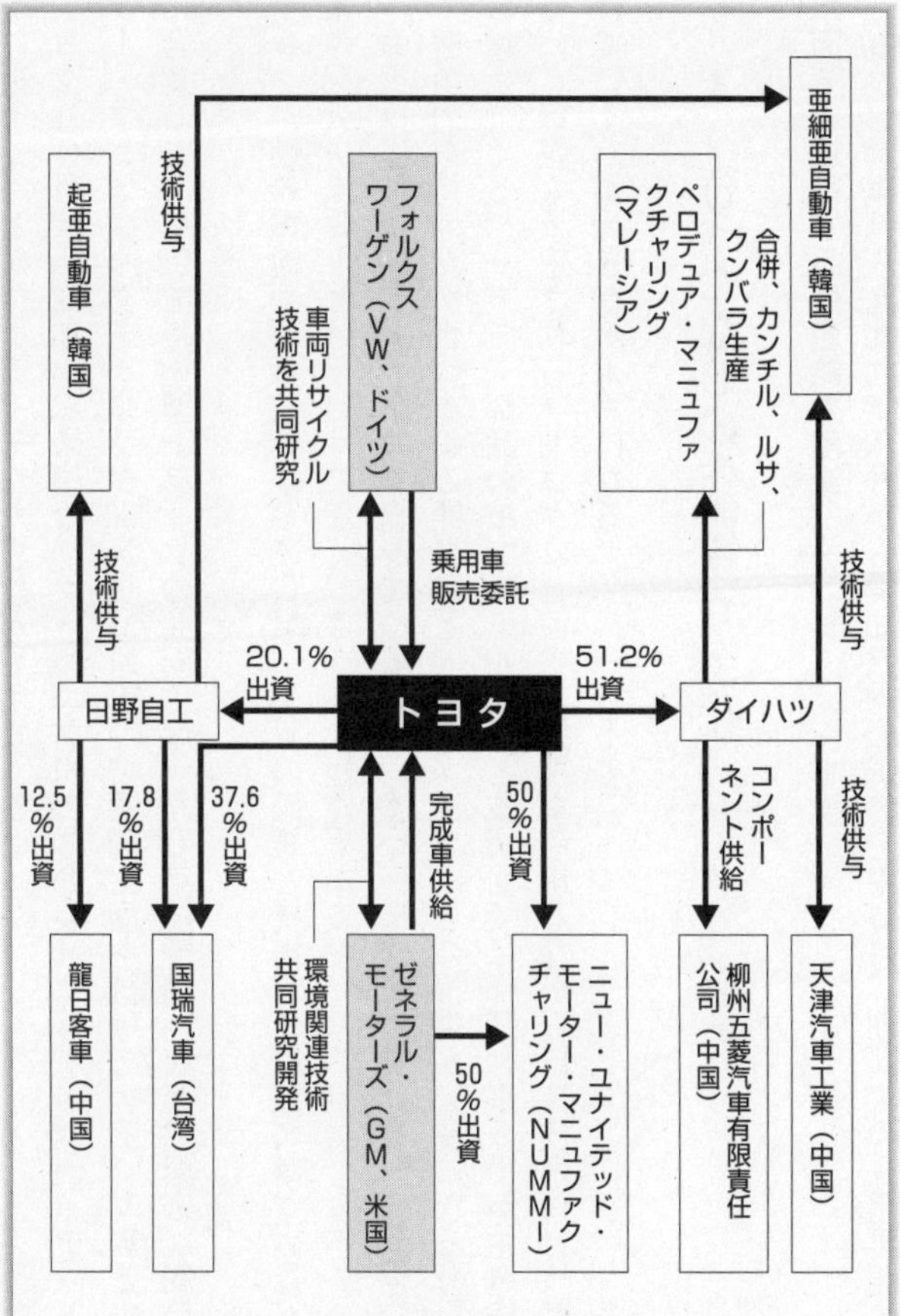

（出所）日本自動車工業会の資料などをもとに作成。

ードに近づくことができる。そんな思惑が見えてくる。

トヨタとGMは八四年から米国カリフォルニア州の合弁会社ニュー・ユナイテッド・モーター・マニュファクチャリング（NUMMI）で共同生産を続けている。VWとも八七年に合意したドイツでの小型トラックの共同生産（九七年に解消）など、緊密な関係を築いてきた。

トヨタが燃料電池や環境技術などでGM、VWの両雄と提携する底流には、両社が単に欧米の巨大メーカーというだけでなく、こうした経緯もある。

「トヨタは（技術開発を）トヨタ自身でやるのが一番いいに決まっている」（和田氏）。コスト競争力を持った次世代車両の開発など、海外メーカーとの提携が必要になる分野は今後も増えてくる。一方で、部品のモジュール化など技術面では部品メーカーが主導権を握っていく事態も予想される。トヨタにとって、提携を活用しながら自社技術にどう磨きをかけていくかが大きなテーマになる。

4 待ったなしの生産スリム化

水面下で進行する生産能力削減

トヨタ自動車は一九九九年八月から愛知県内の工場を中心に、期間工の採用再開に踏み切った。販売好調の小型車「ヴィッツ」のシリーズ車種や新型「クラウン」を秋口以降、市場に投入するのに備えて工場の稼働を高めるためだ。張社長も六月末に名古屋市で開いた記者会見で、「生産能力を減らすとか工場の閉鎖とかは考えていない」と、トヨタ本体での生産能力削減について明確に否定してみせた。

短期的には活気を取り戻しかけているように見えるトヨタの生産現場だが、グループ全体で見れば生産能力削減の動きは水面下で進行している。

トヨタ系の車両組立メーカー、関東自動車工業は、横須賀工場（神奈川県横須賀市）のうち深浦車両組立工場（同市）の閉鎖を正式に決めた。深浦は「カローラ」「スプリンター」などの組み立てを担当、年間十八万台の生産能力を持つ同社の主力工場の一つだ。創業以来、一貫して国内の生産設備を拡大してきたトヨタにとって、関東自工の工場閉鎖は一つの転換点にさしかかったことを示す。

トヨタ車体も刈谷工場（愛知県刈谷市）で「ハイエース」を生産する主力ラインを閉鎖する方向で検討を進めている。手狭で拡張余地のない刈谷から、新鋭のいなべ工場（三重県員弁町）に生産を集約する考えだ。

国内の生産落ち込みに対応して、トヨタは現在、年三百八十万―四百万台程度あると言われる国内生産能力を、同三百万―三百五十万台に削減していく方針を打ち出した。関東自工やトヨタ車体の動きはこうした流れに沿ったものだ。

図表7-3●トヨタの主な国内車両組立工場

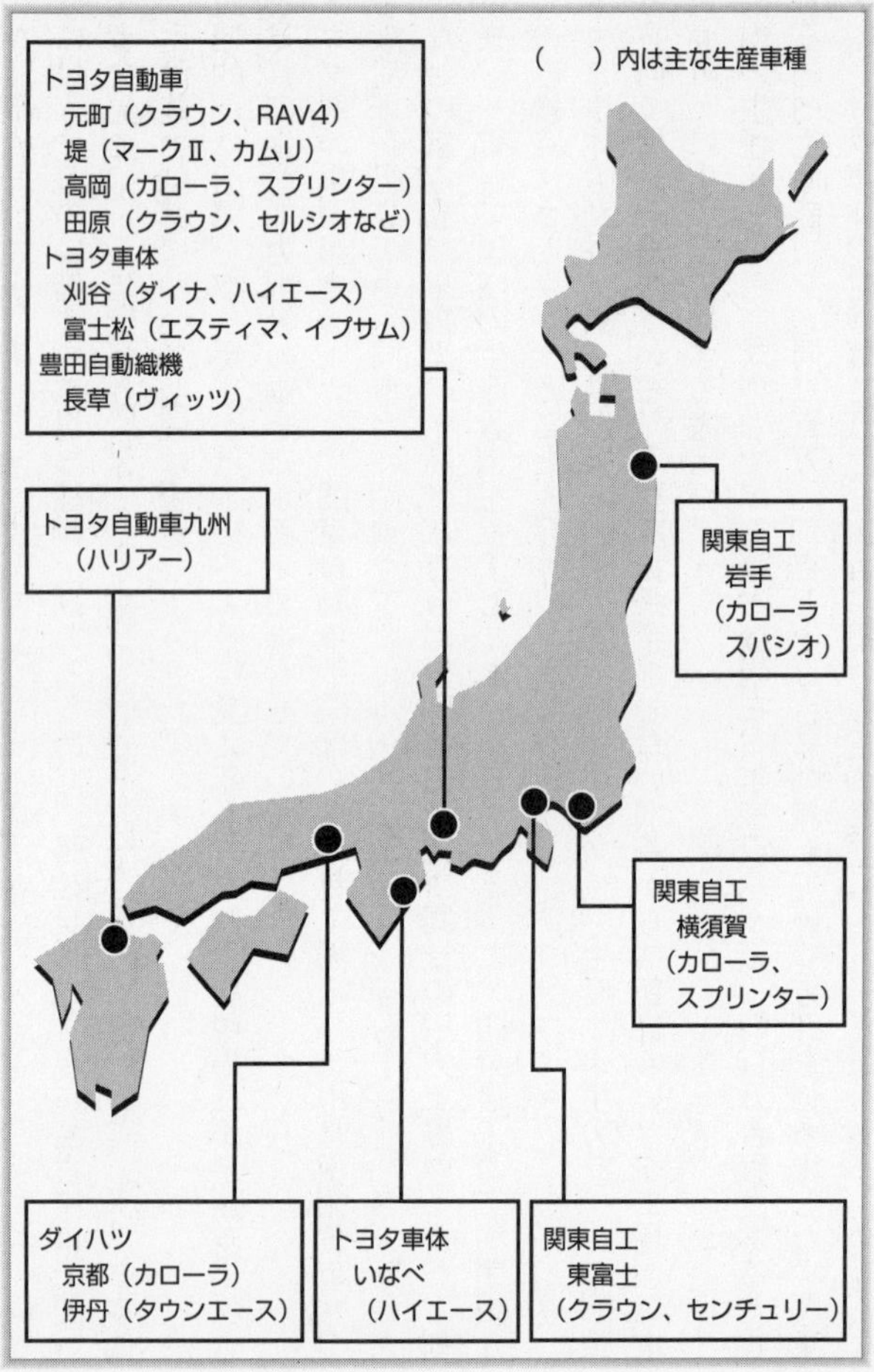
(　)内は主な生産車種
トヨタ自動車
元町(クラウン、RAV4)
堤(マークⅡ、カムリ)
高岡(カローラ、スプリンター)
田原(クラウン、セルシオなど)
トヨタ車体
刈谷(ダイナ、ハイエース)
富士松(エスティマ、イプサム)
豊田自動織機
長草(ヴィッツ)
トヨタ自動車九州
(ハリアー)
関東自工
岩手
(カローラ
スパシオ)
関東自工
横須賀
(カローラ、
スプリンター)
ダイハツ
京都(カローラ)
伊丹(タウンエース)
トヨタ車体
いなべ
(ハイエース)
関東自工
東富士
(クラウン、センチュリー)

迫られる経営効率化

トヨタは現在、「寄せて止める運動」という名称で生産ラインの効率化を進めている。効率の悪くなったラインを止めてしまい、残ったラインの稼働を確保する。あるトヨタ幹部は狙いを「これまでは生産設備をあまりにも目いっぱい使ってきた。モデルチェンジのライン切り替えでも遊休ラインをうまく使うようにすれば、もっと効率が上がる」と解説する。

ただ、四百万台も生産できる施設を抱えながらの効率化には、欧米企業並みの効率経営が叫ばれるなかで、おのずと限界がある。トヨタ本体でも本社工場や元町工場（いずれも愛知県豊田市）など、歴史が古い工場を抱える。トヨタ内部からも「（生産能力削減を）系列の車体メーカーだけに任せないで、本体でも真剣に検討すべきだ」という声が漏れてくる。

生産能力削減に踏み切るには、経済合理性とは別の部分での壁もある。仮に、トヨタが工場を閉鎖すれば、地域経済に与える衝撃は大きい。古い工場ゆえの地域との「しがらみ」も問題になる。

トヨタ車体の刈谷工場は、トヨタがまだ「豊田自動織機製作所の自動車部」だった時代に組立工場があった由緒ある場所だという。そうした事情があるため、ラインの閉鎖を決めるに当たって、トヨタ車体はトヨタや地域など関係者に対して周到な根回しをしたとされる。

「北米での販売目標の達成は間近で、近い将来に何か（能力増強策を）考えなければならない」。張社長は北米での工場増設に前向きの姿勢を表明している。長期的には人口増加が予想される米国では、将来も自動車需要が増えていくという判断だ。一方で国内は近い将来、人口が減少に転じ、自動車市場の大幅な拡大は望めない。北米はすでに五カ所の工場を持っているが、もし増設となれば、敷地に余裕のあるインディアナ工場かカナダ工場への増設、もしくは新規立地が検討されると見られる。

国内工場の設備、人員の余剰を解消していくことは、ニューヨーク、ロンドンの上場を控えて経営効率化を迫られるトヨタにとって待ったなしの課題だ。就任したばかりの張社長が、トヨタ本体の生産能力削減について決断を迫られるのは、それほど遠い時期ではないかもしれない。

5　「トヨタ流」国際標準経営を目指す

海外市場に上場

「グローバルにビジネスを展開しているトヨタの株式に、世界の人たちがアクセスしやすくする」──。一九九九年五月二十四日、九九年三月期決算発表の席上で、奥田は、年内のニューヨーク、ロンドンの証券市場への株式上場を発表した。

海外上場はかねての懸案だった。しかし、さしあたって、トヨタが海外で資金調達する緊急性は薄い。上場すれば、海外でのトヨタの存在感が高まる半面、ディスクロージャー（経営情報の公開）やコストの面で現在よりも負担が増え、国内に比べて株主からの要求も格段に厳しくなるのは明らかだ。

上場の真意はどこにあるのか。内外の証券アナリストや海外のメディアからも質問が殺到した。

一つの狙いは国内で株式の持ち合い構造が崩れていくなかで、海外の投資家を株式の受け皿として開拓することにある。そして、もう一つの大きな狙いは社内の意識改革だ。あるトヨタ幹部は「（海外上場は）トヨタにとってチャレンジングな試み」と解説する。

なぜ、「チャレンジング」なのか──。

目指すは「ショック療法」

国内では効率化の見本のようにいわれるトヨタも、世界に目を転じると、投資尺度になる効率性や収益性の財務指標で見劣りすることは否めない。例えば、代表的な指標の一つであるＲＯＥ（株主資本利益率）で見ると、ＧＭやダイムラー・クライスラーなど、欧米

図表7-4●トヨタと欧米の主要自動車メーカーの比較

	売上高（億円）	ROE（%）	売上高純利益率（%）
トヨタ自動車	127,490	5.8	2.8
G　M	201,643	18.6	1.9
ダイムラー・クライスラー	193.269	15.5	3.7
フォード	180,520	91.6	15.3
フォルクスワーゲン	91,285	12.2	1.7

（注）98年度実績の連結ベース。GM、ダイムラークライスラー、フォードの売上高は1ドル＝125円で、フォルクスワーゲンは1マルク＝68円で円換算。ROEと売上高純利益率はINGベアリング証券調べ。フォードは子会社売却により純利益が大幅に増加。

の競合メーカーが軒並み一〇％を超えているのに対して、トヨタは九九年三月期で五・八％（連結ベース）にとどまっている。モノ作りは効率的なようだが、資本効率は非効率的と映る。

トヨタは伝統的に生産や開発、販売といった縦割りの組織の力が強く、それぞれの部門での効率化は目指しても「全社的な視点での効率化という意識は薄かった」（トヨタ幹部）。海外上場によって、ライバルの数字を意識させ、「決してトヨタは安泰ではない」と危機感を持たせる。いわば経営幹部から社員までのあらゆる階層に〝ショック療法〟を施す意味合いがある。

九九年からトヨタは「CADRe（海外事業体人材登録・登用制度）」と呼ぶ新しい国際人事制度をスタートさせた。世界各地の現地法人で採用した経営幹部の人事データベースを構築して、海外法人だけでなく日本の本社も含めた人材交流を進める狙い

図表7-5●事業領域の進化

■21世紀の事業領域の進化イメージ

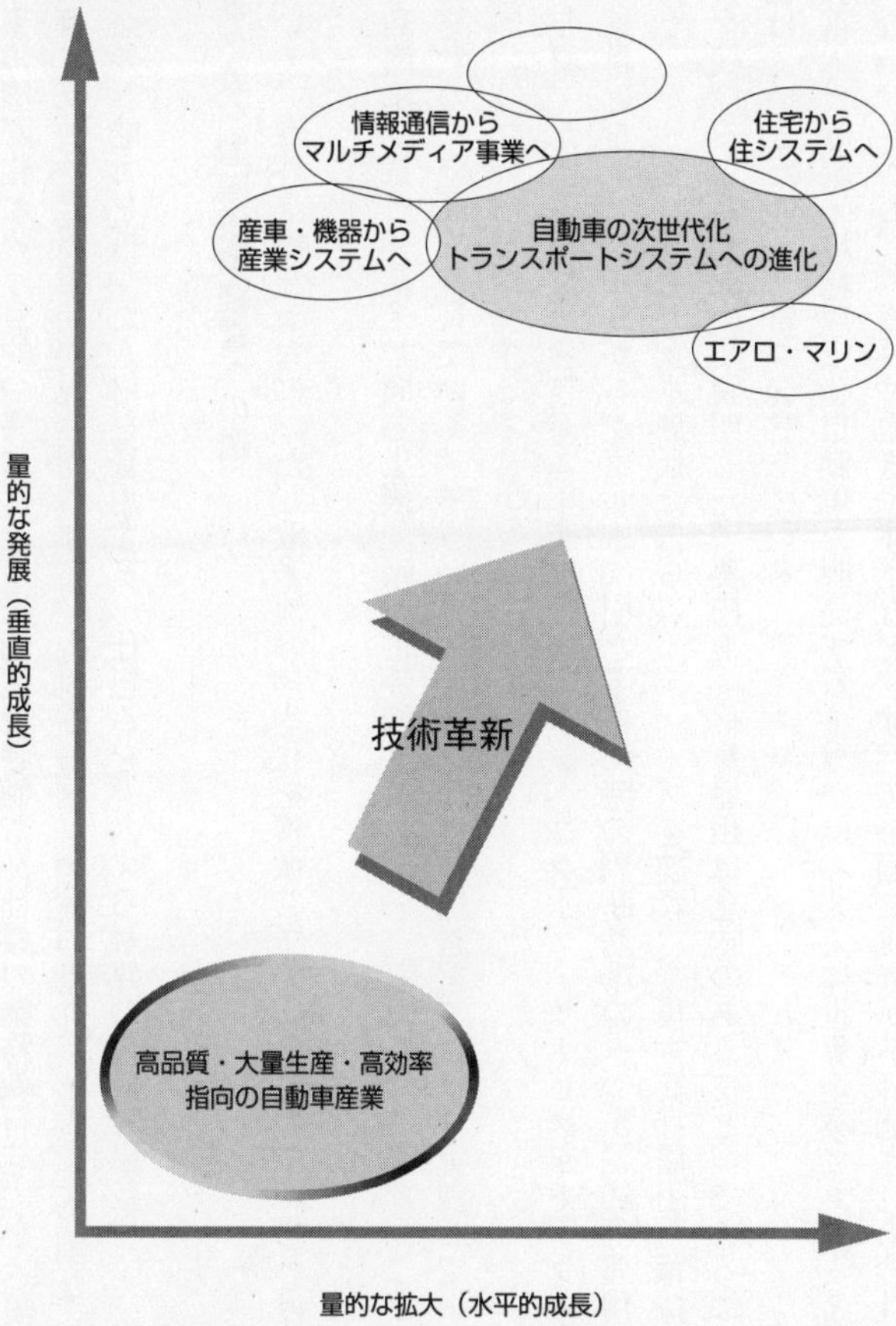

出所：「トヨタの概況」

だ。人事の国際化という目的の裏には、市場価値で評価した社員の業務執行能力を人事制度・評価に反映させる狙いが見え隠れする。人材交流は「国籍や本社、子会社の別なく、業務に必要な能力を持った人材を登用する」仕組みを導入する触媒の役目を果たす。

「トヨタ流」国際標準経営への道

とはいえ、海外上場をテコに、ただ欧米流の効率化を模倣していこうとしているわけではない。

大木島巌副社長は「欧米と同じ土俵で戦って評価してもらい、なおかつ終身雇用などの日本的経営のいい面も備えていく。そういう『トヨタ流』の経営をこれから実現していかなければいけない」と指摘する。

九八年夏、米国系格付け会社、ムーディーズ・インベスターズ・サービスがトヨタの長期債の格付けをトリプルAからダブルAに引き下げた時の判断基準の一つが、終身雇用制の維持だった。それでも、大木島氏は自らムーディーズを訪れ、今後も終身雇用を維持する努力を続けることを改めて説明した。奥田も「終身雇用は意味のあること。できることなら続けていきたい」と常々発言している。

世界百六十カ国・地域以上で自動車を販売するトヨタは、すでに世界企業であることは間違いない。しかし、効率性や働きやすさなど、すべての面で世界から評価される会社に変わっていくことが張社長以下、新体制に課せられた課題になる。海外上場はそうしたトヨタとしての理想である「トヨタ流」国際標準経営に踏み出すための第一歩になる。

【奥田改革路線を継承　張富士夫社長インタビュー】

トヨタ自動車の張富士夫社長は一九九九年七月八日、社長就任後初の日本経済新聞との単独インタビューに応じた。グループ経営や持ち株会社構想についての見通し、グローバル戦略、豊田家との関係のあり方など幅広いテーマについて、慎重かつ率直な言い回しで次のように語った。

――世界の競合メーカーと戦ううえで、トヨタの体質をどう変えて行くべきか。

「直接外国企業と一緒にやるという考えはないが、グローバリゼーション（世界化）の波はものすごい勢いで進んでいる。これに対応するために、社内のグローバリゼーションはぜひ進めていきたい。私自身も九年間の米国勤務の経験がある。海外の経験を持つ人を有効に活用できるように、社内の教育などもやっていきたい。グローバル化の動きのなかで具体的な事例として、例えば連結決算も一つのきっかけになる。九九年はニューヨーク、ロンドンの両証券取引所に上場する。株主からの要求も厳しくなるだろう。ROE（株主資本利益率）やキャッシュフローといった経営指標は、これまで会社の経営の中心に据えるようなことはなかったが、これからは逃げられなくなるだろう」

「トヨタには連結対象の会社は四百社くらいある。この企業群をどうコントロールしていくかは今より大きな問題になってくる。これまでは例えば『この地域なら赤字でも仕方ない』とか『三年くらいで黒字になればいい』とかいったあいまいな評価がまかり通ってきた。もう少しきめ細かい目標を決めて、組織的に管理することが必要になるだろう。ただ、こうした効率化を突き詰めていくと、やれリストラをしろとか短期的に利益を生む事業だけに絞らなければならないといった事態にもなる。そのあたりは日本的経営の良さを残しながら決めて行かなくてはならない」

——海外で上場すれば、住宅や通信事業など不採算の事業についても、株主の要求が厳しくなる可能性がある。

「住宅事業については、ある段階で独立させようというのが社内のコンセンサスとしてできている。独立の時期はまだ決めていないが、いいところまで来ていると思う。もう少し体力が付いてからというのが今の考えだ。通信については、独立採算とまではいかないにしても、採算についてもう少しはっきりさせたい。自動車事業とは全く世界が異なる面もあるが、いくら投資していくらリターンがあったかとか、そういうことがわかるようにしなければならない。九九年六月の組織改革で、情報通信部門として独立させ、体制が整ってきた」

――懸案になっている持ち株会社制導入の見通しは。

「この（九九年の）四月くらいまで純粋持ち株会社や事業持ち株会社の利点、株式交換をやったときのコストといった様々な可能性を勉強してきた。現在は正直言って、その時点までで止まっている。グループ会社ともまだ十分にひざを交えて話し合ってもいない。これからもう少し落ち着いて、さらに検討を進めたい」

「外国企業と手を組まないでいくとすれば、トヨタグループが結束していくことは意味のあることだ。持ち株会社を作ることが目的ではない。目的はあくまで結束を強めていくことにある。部品メーカーと関係を強化することは、（米国のデルファイ・オートモーティブ・システムズがGMから完全に独立したような）世界の流れに反しているとか言われる。しかし、別に流行に従うつもりはない。ニーズがどこにあるかをきちんと見極めないといけない。その意味で、六月に作った次世代の燃料電池自動車を開発する『FC技術企画部』はその先例たりうる。グループの技術者を集めて、技術という経営資源を集結するやり方に注目している。こっち（経営側）がもたもたしているうちに、技術部に先を越されたという感じだ」

――奥田碩会長は『情実の世界から資本の論理への転換が必要』と訴えてきた。張社長としてのグループに対する姿勢は。

「今のグループ企業の首脳陣は、トヨタから独立してから十年以上たってから入社した人が多い。もともと同じところからスタートした仲間という意識が希薄になっている。そういう心情的なものに変わるものとして、グループで協力して何かをやっていくうえでのルールみたいなものを決めていく形がいいと思う」

――奥田会長は率先してトヨタを変革に導いてきた。この姿勢に変化はあるか。

「私の代になって変革のスピードが落ちたなんて言われないように、きちんとやって行きたい。社会貢献も含めて様々なバランスを取りながら、グローバルな会社を目指したい」

――今後の海外展開についてどのような計画があるのか。

「北米については、九九年内くらいには（生産能力を拡張するかどうかの）結論を出していきたい。自分の経験から言えばインディアナ工場の拡張がいいと思う。しかし、どういう車種を生産するかで生産の適地は変わってくる。そのあたりの問題があるので、現段階では歯切れの悪い言い方にならざるを得ない。中国についてはまだ勉強中だが、非常に大切な市場であることは間違いない。天津汽車との合弁が（中国政府から）認可されれば、すぐに具体的な動きを始めていきたい」

――創業家である豊田家から代表権を持つ役員がいなくなったが、トヨタと豊田家の関係も将来の変化に向けて過渡期を迎えるのではないか。

「グループ企業やディーラーにとっては、今でも豊田英二最高顧問や豊田章一郎名誉会長が精神的な支柱であることは変わりない。これは理屈ではない。豊田家については今後も尊重していきたい。グループの結束のために、言葉は悪いが利用させていただくこともあるだろう。ただ、人事に関しては公平にやっていく」

終章

進化する奥田イズム

1　動き出した取締役改革

取締役が半減

「ずいぶん顔が見えやすくなったなあ」――。二〇〇三年六月二十六日、テーブルを囲んだトヨタ自動車の取締役二十七人が一様に苦笑いした。同日の株主総会で五十八人いた取締役を半減。二部屋にまたがって席を設けてきた取締役会のスタイルは一変した。

取締役会メンバーは奥田碩会長、張富士夫社長以下、十四人の専務までに絞った。常務以下は業務執行に専念する「常務役員」とし、専務が監督と執行を兼ねて取締役会と常務役員をつなぐ「扇のかなめ」役を果たす仕組みに切り替えた。

「書類のハンコは三つまでしか認めないようにする」。奥田会長が改革を機にさっそく新たな提案をした。

取締役会に出す書類には係長、課長、部長、取締役の決裁印が押されてあった。これを部長と常務役員、専務の三人に絞る。いくら取締役会をスリムにしても、そこに上がってくるまでの業務で時間がかかっていては経営迅速化につながらないとの考えからだ。

目に見える変化は印鑑の数だけではない。取締役会に臨む専務の手元には、大量の資料が積み上げられるようになった。担当常務や取締役などに任せていた説明・報告をすべて専務がこなすことになったからだ。

改革の一環として取締役会で報告・承認する案件の数を絞ったこともあり、会議の時間は平均二時間からほぼ半減したが、専務陣は張社長ら首脳陣の視線を一身に浴びる格好だけに雰囲気は一変。「緊張感はかなり高まった」（ある専務）という。

図表8-1●トヨタの経営体制

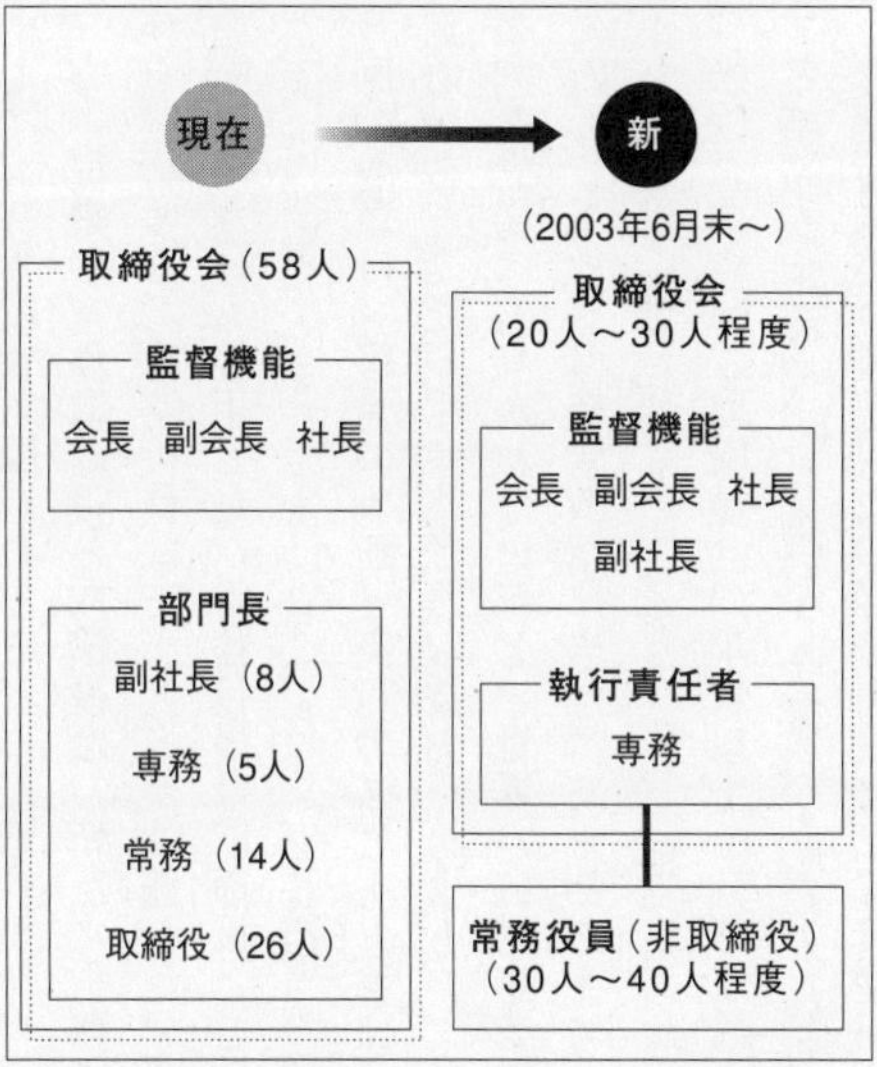

今回のトヨタの取締役会改革の最大の特徴はこの専務職の強化にある。会長、社長、副社長は取締役として意思決定に専念。専務は取締役会の構成メンバーであると同時に、生産、販売など各部門の最高責任者となる。いわば「ミニカンパニーの社長」として二―三人の常務役員を指揮し、業務執行の成否について全責任を負う。「スリム化した取締役会と執行部門をうまくつなぐキーの役割」（荒木隆司副社長）を果たす格好だ。専務はここで将来の社長候

補として、経営感覚も問われることになる。

一方、従来の常務取締役と取締役は、新たに常務役員として、生産や販売など各部門の業務を遂行する。常務役員は三十九人が就任した。事業のグローバル化をにらみ、外国人や中堅幹部なども登用した。常務役員は取締役として事業全体を監督する責任から外れ、「効率的に仕事ができるようになった」（生産担当の常務役員）という。

今回の改革は「経営の判断と実行のスピードを速めないと生き残れない」（張社長）との覚悟からだった。ずば抜けた収益力を誇るトヨタとはいえ、わずかのスキや判断の誤りで不利な立場に陥りかねないほど、世界の自動車業界の競争はし烈になっている。

ただし、トヨタは経営改革に当たってもあくまでトヨタ流を貫く。「現場重視の強みを生かしたい」（張社長）という考えから、取締役と常務役員は内部からの登用にこだわった。米国企業では、取締役会の半数以上を社外取締役が占め、経営の監督と執行を完全分離する手法が主流で、日本の大企業でも監督と執行の分離を目指した「委員会等設置会社」に移行する企業が目立つ。監督役として日産自動車のカルロス・ゴーン社長らを社外取締役に招いたソニーが代表例だ。

トヨタは社外から有力経営者を招く形態が現場重視の社風になじまないと考え、「社内の人材で監督と執行を分担する」という従来型と米国型の折衷的な仕組みを導入することにした。トヨタの強みである現場からの改革提案などを生かしながら、経営の透明性向上や意思決定の迅速化との両立を模索した末の決断だ。

生産や開発、調達のグローバル化に続き、経営のグローバル化も避けられない。海外の投資家などにも分かりやすい経営の形をどうつくるか。一九八二年の「工販合併」以来の経営改革は、まだ緒に就いたばかりだ。

足りないものは国際化

張人事の真骨頂は外国人登用にも表れた。取締役ではないが、米国トヨタ自動車販売のジェームズ・プレス副社長、米トヨタ・モーター・マニュファクチャリング・ケンタッキー（TMMK）のゲーリー・コンビス社長、英トヨタ・モーター・マニュファクチャリングUK（TMUK）のアラン・ジョーンズ社長を、二〇〇三年六月の人事で外国人として初めて執行役員に引き上げた。

三人はいわば米欧事業の功労者。特に米英工場の社長二人は張氏が三年前、肝いりで社長に引き上げた。「日本人でなくても立派にマネジメントできる人材が育った」と語ったのは当時の張氏。今後も「適材がいれば外国人を役員に昇格させる」方針だ。

「トヨタに足りないもの？　一にも二にも三にも国際化だ。人と技術と資本の国際化をこれから強力に推し進める」。会長の奥田碩もかねてこう語っている。時価総額は米ビッグスリーの合計に匹敵する規模。日本最強の名をほしいままにしているが、「世界最強」にはまだ足りないものが少なくない。その最たる例が世界に通じる人材やその活用の枠組みだろう。

二〇〇三年六月の新体制で浮かび上がるのは「世界一」を意識した経営の国際化だ。四年ぶりに米国から帰任する稲葉良睍専務は現経営陣が最も期待する新世代の一人。欧州に三年間駐在した後、北米事業を合計八年間切り盛りして、凱旋（がいせん）する。イリノイ州のケロッグスクールで経営学修士（ＭＢＡ）を取得。抜群の英語力で全米のディーラーを歩き回って、経営者たちの人心を掌握したといわれる。

駐米時代の四年間でトヨタの北米の販売台数が百五十万台から二百万台をうかがう水準に達し、クライスラーの背中が見えた。その実力は豊田章一郎名誉会長も高く評価している。

外国人の一人、プレス氏は七〇年に入社。欧州におけるトヨタ生産方式の確立・伝承に大きく貢献。「生まれ変わってもトヨタに入社する」と言い切るトヨタイズムの体現者だ。国際化の布石としてトヨタが入った米自動車工業会の会長職を二〇〇一年に務めたのがプレス氏だった。

今回の経営改革、特に執行役員制への移行には「トヨタには似合わない」とするＯＢらからの反対が強かった。温厚な張社長がそれを振り切ってまで決断した背景には「トヨタも絶対ではない」との焦燥感がある。張氏が期待するのは全く違うトヨタを新世代が創造することだろう。

張社長、改革者としての素顔

トヨタの張社長が「改革者」としての顔を見せ始めた。二〇〇三年になってからだけでも自動車の販売系列再編、住宅販売事業の分社化、取締役の半減を続けざまに決定。歴代首脳陣が頭を悩ませてきた十数年来の懸案に一応の答えを出した。トップダウン型の奥田と異なり一九九九年の就任以来、実務や調整役に徹してきたが、社内の合意を得てから一気呵成《かせい》に動く「熟柿型改革」に走り出そうとしている。

「取締役会の見直しは張社長が長年あたためてきたアイデア」(トヨタ幹部)。張社長は米現地法人のトップを務めていた頃から、意思決定の速度を速めないと国際競争を勝ち抜けないとの危機感を肌で感じていた。

しかし取締役の大幅削減には「首脳陣の間でも意見の食い違いがあった」(トヨタOB)。取締役からはずれるという事実上の〝格落ち〟への心理的抵抗に加え、豊田家出身者を取締役メンバーにするかどうかという微妙な問題も出てくる。「現地現物主義」を掲げるトヨタ社内には、社外取締役に経営の監督を委ねることへの抵抗感も強かった。張社長は専務に橋渡し役を担わせる仕組みを編み出して社内を説得、最終的に押し切った。販売部門分社化を決めた住宅事業も、もとは豊田章一郎名誉会長が着手したプロジェクト。好調な本業の陰に隠れて〝聖域化〟し、独り立ちが遅れていたが、住宅市場の縮小で甘えが許されない状態になり、ついにメスを入れた。

張流改革の追い風になっているのが、国内企業初の連結経常利益一兆円超えという実績と、長年かけて築き上げてきた社内や取引先との人的つながりだ。幅広く意見を聞きながら、一つ一つ実績を積み重ね、「柔よく剛を制す」スタイルが社内外から信頼を集め、一歩間違えば反発を受けそうな改革が着実に進み始めている。

2 北米戦略「飛躍の十年」に

金城湯池に切り込む

二〇〇四年一月四日、米ミシガン州デトロイト。トヨタ自動車のブースは、この日開幕した「北米国際自動車ショー」の華やかな舞台の中でもとりわけ脚光を浴びる存在になっていた。二〇〇三年の世界の自動車販売台数が六七八万台と米フォード・モーター（六七二万台）を抜き、米ゼネラル・モーターズ（GM）に次ぐ世界第二位の自動車メーカーに躍り出たトヨタグループ。六年ぶりに改良したエンジン・モーター併用のハイブリッドカー「プリウス」では初の「北米カー・オブ・ザ・イヤー」にも輝いた。いやがおうでも、トヨタの動向に世界中の自動車メーカー、ジャーナリストらの注目が集まる。

図表8-2●トヨタの北米車両生産拠点

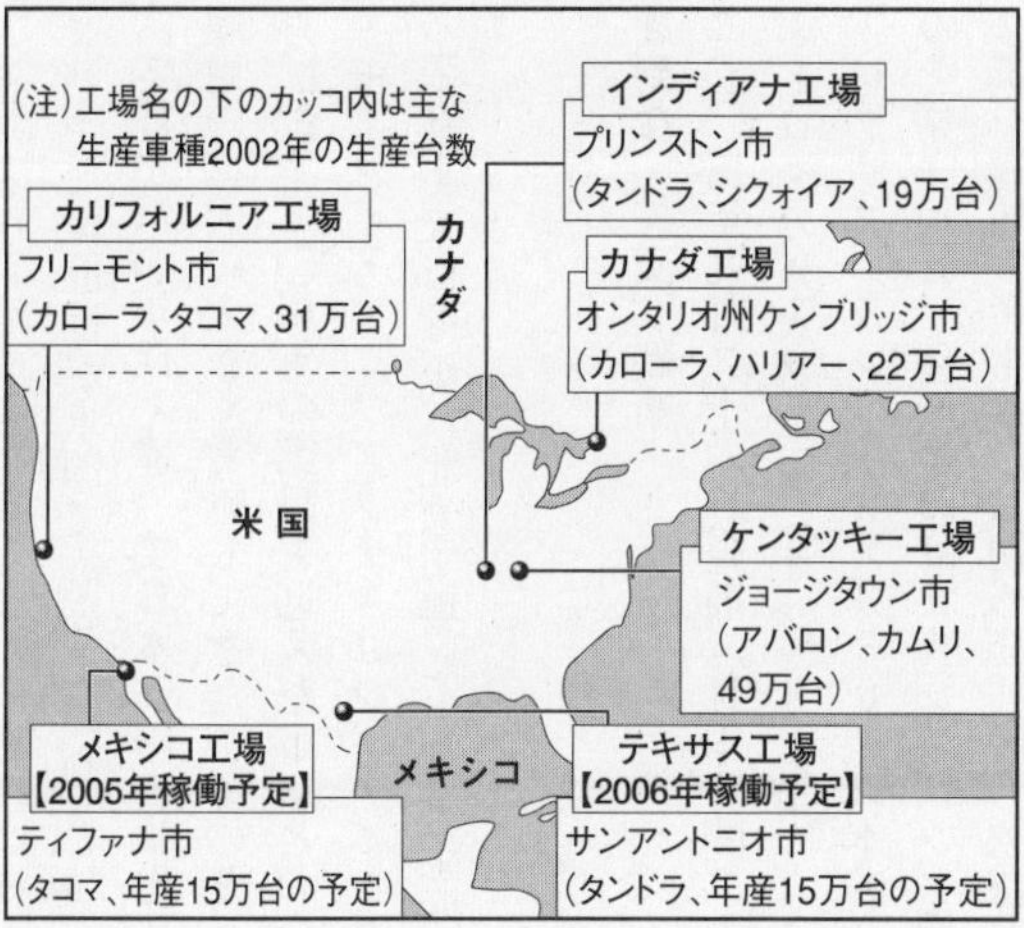

この自動車ショーで、二〇〇三年に投入した若者向けブランド「サイオン」の新型クーペなどとともに、トヨタが戦略を込めて出展した車がある。米ビッグスリーが得意とするピックアップトラックのコンセプトカー「FTX」だ。これまで北米では小型車、高級セダンに特化してきたが、いよいよビッグスリーの金城湯池である商用車部門に切り込む。「業界最大」（石坂芳男副社長）というピックアップは二〇〇六年に稼働する北米六番目の車両工場、テキサス工場の一号車となる。

二〇〇三年の北米でのシェアは約一〇%。いまや連結営業利益の約七割を北米で稼ぎ出し、米GMに次ぐ地位を得ようとしている。

トヨタ、ホンダをはじめとする日本勢の攻勢にもかかわらず、一九八〇年代後半のような、深刻な日米貿易摩擦に発展するような気配はいまのところ全くない。それは日本車の運転性能や品質の高さ、環境にやさしいといった優位性が米国でも高く評価され、消費者の強い支持を得ているからだ。加えて、各社が八〇年代と違って日本からの輸出に頼らず、現地生産化を進め、中南部を中心に雇用の拡大に大きく貢献してきた。その北米現地生産の先鞭をつけたのが、二〇〇四年二月に創業二〇周年の節目を迎えたGMとの合弁工場、NUMMI（ニュー・ユナイテッド・モーター・マニファクチャリング・インク、カリフォルニア州）だ。トヨタ自動車社長の張富士夫自身が、北米工場にトヨタ生産方式を根付かせるために深くかかわってきた。

周到な「外交」戦術

二〇〇三年九月二十六日昼前（日本時間二十七日正午過ぎ）。すでに肌寒い風が吹きすさぶトヨタのカナダ工場（オンタリオ州）では、同社幹部や従業員など五百人以上が集い、レクサスブランド「RX330（日本名ハリアー）」の一号車が最終工程から出てくるのを見守った。参加者にはアラン・ロック産業相ら地元有力者の姿も多数あった。レクサス車を海外生産するのは初めて。最も利益率の高い車種の生産にまで踏み切ることで、現地化を進める姿勢を一段と鮮明にする。

カナダ工場に六億五千万カナダドル（約五百四十億円）を追加投資して製造ラインを整

備、ＲＸを年間六万台生産する。新たに七百人を雇用、同工場の従業員数は三千九百人に増えた。すでに生産している小型車「カローラ」などと合わせて、カナダ工場の生産規模は二〇〇四年に前年比一五％増の二十五万台になる。

ＲＸはこれまでトヨタの生産子会社であるトヨタ自動車九州（福岡県宮田町）で生産、輸出。二〇〇二年は北米で七万五千台を販売してきた。八九年に導入したレクサス車は高品質が売り物。「生産品質と効率を考えれば日本の方がいい」（トヨタ幹部）として、従来はすべて国内で生産する戦略をとってきた。

それだけにカナダでの生産開始は「メード・イン北米」を一段と明確にするための戦略転換でもある。トヨタの北米販売は二〇〇二年で百九十万台を超え、九三年比で七三％増えた。二〇〇三年も二百万台突破が見えてきた。この間、生産台数は九三年の五十五万台から二〇〇二年の百二十一万台に倍増。カナダの増強で北米四工場の年産能力は計百四十八万台に増え、現地生産比率は七割を超える。急拡大する北米事業を支えるには「北米拠点をレベルアップして自立を促す」（幹部）必要に迫られている。レクサス車という国内生産の〝聖域〟がなくなることで、トヨタのグローバル生産は新たな段階に入る。

トヨタ自動車が高級ブランド「レクサス」の北米生産に踏み切る背景には二〇〇四年の米大統領選挙をにらみ、貿易摩擦が再燃するような芽を事前に摘んでおく狙いがある。

トヨタが米ゼネラル・モーターズ（ＧＭ）と八四年に合弁生産を始めて約二十年。八月には米国販売シェアがダイムラー・クライスラーの旧クライスラー部門を抜いて三位に浮上、二位の米フォード・モーターが射程圏に入った。

これについて会長の奥田碩は訪米中、「今回の三位は偶然。実力は四位だ」と終始控えめな発言を続け、米ビッグスリーや労働団体で高まる「日本車脅威論」への配慮を強くにじませた。実際、トヨタのここ数年の急速なシェア拡大は米自動車業界にとっては脅威と映る。

だが、輸出攻勢で稼いだ一九九〇年代初頭とは異なり、現地生産台数は昨年で百二十一万台と十年前の二倍以上に拡大。カナダ増強で北米の生産能力は年百四十八万台となる。現地生産比率は七割強まで高まり、今や全米で最も雇用を創出する自動車メーカーの一つ。今回のレクサス生産で「名実ともに米国のプレーヤーとしての立場をアピールする」(トヨタ幹部)。

トヨタは米ビッグスリーが約九割のシェアを握り最後の牙城とする大型ピックアップトラック市場でも、主力の「タンドラ」を近く大型化して売り出すほか、二〇〇六年にはテキサス州で新工場を稼働。ビッグスリーとの全面競争に突入する。

地盤沈下するビッグスリーに対して、米国市場での日本車のシェアは三割目前に迫った。しかもトヨタ自動車の二〇〇四年一月時点での時価総額は約一三兆円と、GMとフォード、ダイムラー・クライスラーの合計(約一二兆六〇〇〇億円)を上回る。日本の自動車産業にとって、九〇年代はまさに「失われた一〇年」ではなく、「飛躍の一〇年」だった。二〇〇三年の世界販売台数におけるトヨタの二位浮上は、それを象徴する。

3　環境対応で独走態勢

「稼げる環境車」目指す二代目プリウス

世界初の市販のハイブリッドカー「プリウス」の登場から約六年。トヨタ自動車は二〇〇三年九月一日、エンジンとモーターを併用して走るハイブリッド車の二代目を世に送り出した。「高価で走りが悪い」といったエコカー（環境配慮車）のイメージを一新。排気量一五〇〇ｃｃながら二〇〇〇ｃｃガソリン車並みの走りと「世界一の燃費」を実現するとともに、価格を二百十五万円（売れ筋車種）に抑えた。ハイブリッド車が「普通のクルマになる日」が一段と現実味を帯びてきた。

図表8-3●新型プリウスの主な特徴

発売年月	2003／9
10・15モード燃費（km/l）	35.5
エンジン排気量（cc）	1,496
エンジン最高出力（ps/rpm）	77/5,000
モーター最高出力（ps/rpm）	68/1,200～1,540
システム最高出力（ps）	111
全長（mm）	4,445
全幅（mm）	1,725
全高（mm）	1,490
車両重量（kg）	1,250
定員（人）	5
価格（万円）	215

「ラテン語で『さきがけ』の意味を持つ車名にふさわしい性能を身につけることができた」

東京都内で記者会見した張富士夫社長は会心の笑みを見せた。トヨタは一九九七年の初代プリウス発売以来、ほぼ一手にハイブリッド車市場を開拓してきた。飛躍のカギを握る二代目の開発に際して、トヨタは社内の先端技術を結集し、満を持して自信作を送り出した。

最大の改良点は「走れるハイブリッド車」への脱皮だ。「非力すぎる」との声もあった従来のハイブリッドシステムを全面的に見直し、低速時などに動力となる電気モーターの出力を従来の一・五倍に向上させた。新システムではモーターは補助の動力ではなく、走りを高めるための装置という考え方。エンジンのパワーも強化することでシステム全体での出力が飛躍的に向上し、排気量二〇〇〇ｃｃ級のガソリン車と同等以上の加速性能を持たせた。

だが、パワーを上げるために燃費を犠牲にすれば元も子もなくなる。パワーとエコの二《に》兎《と》を追うため、減速時などに発生するエネルギーを効率的に電池に回収できるようにしたほか、車体や部品へのアルミの採用などによって従来設計で作った場合に比べて百四十キログラムも軽量化した。

「排ガスがカリフォルニアの空気よりきれい」ともいわれた先代だが、それを四・五キロメートル上回る一リットル当たり三五・五キロメートルの燃費を達成。同社の低燃費車の代表格である「ヴィッツ」はもちろん、ホンダのハイブリッド車「インサイト」の同三五キロメートルを上回る世界最高の燃費を実現した。

新機能の導入も盛りだくさんだ。

例えば、運転者がハンドル操作しなくても自動縦列駐車できる世界初の「インテリジェントパーキングアシスト」機能。オプション設定だが、車体後方の様子をカメラでとらえながら、車まかせで所定の位置に縦列駐車や車庫入れができるようにした。早朝や深夜に、静かなモーターのみの走行を選択できる「EVドライブモード」も世界初。エンジンを止めていても駆動用電池で動く電動カーエアコンも搭載した。

「キワモノでなく、ハイブリッド車が量販車として、収益に貢献する最初のケースになるかもしれない」（外資系証券アナリスト）

「売れば売るほど赤字が増える」との声もあった初代プリウスだが、二代目について張社長は「黒字化には自信がある」。先代プリウスで学んだ教訓をもとに、トヨタでは設計段階から部品を共通化するなど、コスト削減を徹底。高コスト構造が見直され、二代目は「ガソリン車ほど利幅はないが、ちゃんと黒字が出るようになっている」（トヨタ役員）という。

二代目の販売目標は当面、国内が月三千台。初代は話題性はあったものの販売実績は月六百台弱に低迷した。このため取り扱いディーラーは従来のトヨタ店に加え、トヨペット店でも販売する。輸出は米国向けが日本と同じ月三千台。米国に加えて欧州、中国にも拡大する。欧州向け販売は当初は限定的となる見込みだが、「欧州で主流のディーゼル車より低価格に設定すれば台数が伸びる可能性がある」(張社長)としている。世界全体で二〇〇四年に七万六千台と昨年実績の三倍弱を目指す。

トヨタはプリウス以外も含めたハイブリッド車の世界販売を二〇〇五年ごろに年間三十万台に拡大する計画を打ち出している。現在は「クラウン」やミニバンの「エスティマ」「アルファード」にハイブリッド車を設定しているが、今後は上級SUV(スポーツ・ユーティリティー・ビークル)の「ハリアー」などにも設定する。

他社ではまだ、ホンダがプリウス対抗の「インサイト」や小型車「シビック」にハイブリッド車種を設定している程度。日産自動車に至っては、トヨタからハイブリッドシステムを調達しての参入を計画している。世界の自動車大手が足踏みするなか、トヨタはこの分野で他社を突き放し、独走態勢を固める。

普及のカギを握る性能や燃費などで普通のクルマを上回り、価格も割高感が薄れた二代目プリウス。ガソリン車に代わり、主役に躍り出る時期も遠くはなさそうだ。世界で七万六千台という二代目プリウスの計画は、世界的な環境規制強化など時代の流れを考えると、むしろ慎重といえるかもしれない。

なおハードル高い燃料電池車

トヨタ自動車は二〇〇二年末、ホンダとともに世界初の燃料電池車の市販車「トヨタFCHV」を政府に納車した。未来の低公害車の本命とされる燃料電池車の実用化で日本勢が世界で一歩リードしたことになる。燃料電池車は水素と酸素を反応させて発生した電気で走行する。水素供給ステーションで水素を充てんして走行する。

二〇〇五年の日本国際博覧会（愛知万博）では、日野自動車と共同開発した燃料電池バスを来場客輸送のために実用化し、お披露目する予定だ。究極の環境対応ともいえる燃料自動車への対応を急ぐのは、「環境への対応なくして二十一世紀の自動車の未来はない」（張社長）との信念からだ。

ただし、トヨタといえども、「燃料電池車はやればやるほど、難しさがわかってくる」（斎藤明彦副社長）というほど、普及へのハードルはなお高い。一つは走行距離の短さだ。トヨタやホンダの燃料電池車の場合、一回の燃料充てんで走行できる距離は三百―三百五十キロメートル。五十リットルのタンクを持つガソリン車が五百キロ以上走行できるのと比べると見劣りする。

現在の燃料タンクは三百五十気圧で水素を貯蔵しているが、七百気圧まで高めればガソリン車並みの走行距離が確保できる。車両メーカーと、高圧タンク、高圧に耐えるバルブや継ぎ手などのメーカーが協力して七百気圧対応のシステム開発に着手、問題解決に向けた動きを加速している。

水素の供給体制の整備も課題だ。水素を充てんする方式の燃料電池車を普及させるには、水素ステーション網を全国に構築する必要がある。メーカー各社は既存のインフラを使えるガソリン改質方式の研究にも取り組んでいる。燃料電池車がこうした技術的な課題やコスト面での壁を克服し本格的な普及期に入るのは、早くても二〇一〇年以降との見方が強い。

4 進化し、拡散する「トヨタ方式」

経常利益一兆円超、でも改革の手緩めず

「トヨタは幾多の危機を皆さんと共に乗り越えてきた。今回も乗り越えられないはずはない」。二〇〇三年二月十四日、名古屋市内で開いたトヨタ自動車系列の全国販売店会議。張富士夫社長は緊急招集した約三百人の販売店幹部に結束を呼び掛けた。

「ビスタ店」と「ネッツ店」の統合、高級車ブランド「レクサス」の国内導入――。販売網再編は店舗同士の競争を加速し、淘汰《とうた》を促す〝劇薬〟でもある。足並みの乱れや抵抗は当然予想される。二〇〇三年三月期の連結経常利益が一兆五千億円に迫り、勝ち組企業の頂点に立ちながら「なぜ今改革なのか」。販売店の多くが戸惑う。

張社長の目には、それ自体が危機に映る。国内の自動車市場縮小は「二〇一〇年の最大の課題」（荒木隆司副社長）。問題点は見えた段階で手を打つのがトヨタ流。グループ内に慢心はないか。トヨタには生産ラインの異常をランプで即座に知らせその場で解決する『あんどん』と呼ぶ仕組みがある。「同じ仕組みが経営にもほしい」。社長就任以来の口癖だ。

四年前、奥田碩からバトンを受けた。「変えないことが最も悪い」と強烈な個性で改革路線を推し進めた奥田に対し、張社長は温和で周囲への気配りを欠かさない人柄が持ち味。組織を引っ張るよりも、「進む方向に社員のベクトルを合わせる」役回りに徹し、奥田のまいた変革の種を着実に実らせてきた。

例えば生産・販売のグローバル化。最大市場である北米の現在の四工場体制は奥田の社長時代に確立した。張社長になってから稼働したフランス、中国の新工場も、奥田が計画を推進したものだ。グローバル化の設計図を描いたのが奥田とすれば、張社長の本領は「モノづくりは人づくり」を世界で実践したことだろう。

ケンタッキー工場の立ち上げを含め、九年間の駐米経験でコミュニケーションの重要性を痛感した。国内で共有できた「あうん」の価値観を全世界で約二十五万人に達するグループ社員にどう理解してもらうか。

まず手掛けたのが、創業者の豊田喜一郎やトヨタ生産方式の考案者、大野耐一らの言葉を英訳した小冊子「トヨタウェイ」の作成だ。「カイゼン（改善）」「ゲンチゲンブツ（現地現物)」――。安易な翻訳に頼らず、トヨタ用語そのものを移植。実践を通して、その意味を体で学んでもらう。

海外版「トヨタウェイ」は国内の社員にもトヨタの経営哲学を再認識させる契機になった。その成果が今期までの四年間で約九千億円の原価低減につながった。最大の効果をあげたのが原価低減活動「CCC21」。日産自動車が取引先を絞ることで調達価格を大幅に引き下げたのに対し、トヨタは部品各社と共に知恵を絞り、成果を共有する。「生産技術には徹底してこだわる」姿勢が取引先との信頼感を生み出した。

トヨタは二〇〇二年四月、二〇一〇年をメドに世界シェア一五%を目指す「グローバルビジョン」を発表した。仏プジョーシトロエングループとの合弁会社設立、中国最大手の第一汽車との包括提携など華々しい合従連衡の陰で、張社長は一粒の地味な種をまいた。二〇〇三年一月、四十年以上の生産実績を持つ元町工場に開設した「海外支援センター準備室」だ。

海外工場の従業員を招いて生産技術を習得する専用のラインを設置。日本のモータリゼーションの幕開けを担った量産工場が、海外工場の司令塔へと生まれ変わる。空洞化の危機を視野に入れながら、人づくりという息の長い作業をどう持続させていくか。「改革は余力があるときにやらなければ駄目」。〝痛み〟を強いる前に、張社長独自の「あんどん」が光り出す。

情報化で世界最適生産を加速

トヨタは「かんばん方式」に代表される生産方式の世界への〝布教〟を加速しようとしている。かんばんの根幹を支える約二百五十ケタの「部品表」を全世界で共通化し、基幹の情報システムを約三十年ぶりに全面刷新する。最大の狙いは、二十七カ国・地域にある約六十拠点の開発・生産情報を一つに取りまとめ、グローバル戦略を最適化することにある。

「これまでの戦略はマルチナショナル。これからが本当の意味でのグローバル展開になる」（トヨタ幹部）。トヨタは二〇〇二年十月、中国・天津で乗用車の生産を開始。初の海外進出から四十五年を経て、世界各地への工場進出がほぼ一巡した。全世界に点在する拠点が持つ設計や生産、調達などの情報を共有化して、拡大した戦線を有機的に結びつけるのが次の課題だ。

新システムは、かんばん方式の最大のノウハウとなる「SMS（スペシフィケーション・マネジメント・システム）」を全面刷新する。部品のメーカー名や品質、価格、適用車種などの必要条件を盛り込んだ二百五十ケタの品番を全世界で共通化。この世界共通のかんばんが、欧米アジアの主要な部品メーカーとも連動する。ジャスト・イン・タイムのトヨタ生産方式が「外―外」の拠点間でも完結する基盤が整う。

部品データだけではなく、三次元CAD（コンピューターによる設計）の本格導入で、大容量の設計データも日米欧の各開発拠点で共有する。将来は新車設計などを拠点間で分担し、開発期間を大幅に短縮することも可能になる。米・欧・アジアなど各地域の特性に合わせた設計の一部改良も各拠点内で完結できる。

新工場建設には部品メーカーも含め数千億円の投資が必要だ。グループだけで巨額の投資を継続するには限界もある。現地部品メーカーを活用するなど資源を効率的に配分し、「緩やかな現地系列」をつくる方がコスト的にも優位に立てる。

今回のシステムは中枢部分を米ＩＢＭと共同開発、周辺部分を国内情報大手が担当した。総投資額は約二千億円にのぼる。

新システムの成果が最初に問われるのが、二〇〇四年から始まる「ＩＭＶプロジェクト」だ。東南アジアや南米、南アフリカで同じ仕様の多目的車を生産し、相互に供給して量産効果を高める。各国でバラバラの部品表を統一すれば、国境を超えて最適な部品の調達が可能になる。南半球の拠点だけで生産から調達まで完結する全く新しい取り組みは「新システムがなければ実現できない」（トヨタ首脳）。

米ゼネラル・モーターズ（ＧＭ）も情報の国際化を進めるが、傘下の各社が独自システムを持つため一元化が難しい。日産自動車と仏ルノーも、提携メリットの追求には情報の共有促進が課題となる。トヨタは自立路線を貫き、自前で世界展開してきたことが情報一元化でも強みとなる。

三十年ぶりのシステム刷新の狙いは、開発や生産、調達の効率化にとどまらない。世界最適生産にかかわる意思決定など権限の大幅な海外移管は、経営のグローバル化を伴わねば機能しない。日米欧アジアの拠点が自立しつつ、全体が調和する経営体制——。トヨタは世界最大級の情報インフラの上に、新たな絵を描こうとしている。

トヨタにカイゼンを学べ

圧倒的なトヨタ自動車の強さを前に、トヨタ式経営の良さを業務改善に取り入れる動きが異業種にも及んでいる。企業にとどまらず、日本郵政公社のような公的機関までが「トヨタに学べ」と唱え始めた。トヨタ出身の人材は引く手あまたの状況だ。

長崎ちゃんぽんのチェーン店を展開するリンガーハット。閉店後の午前四時、全国の約五百店から一斉に当日の発注データが福岡本社のサーバーに送られる。情報は富士小山工場(静岡県小山町)など三工場に転送され、午前八時に生産開始。二十四時間以内に全店舗に麺《めん》や野菜の食材が届く。

同社が「当日発注、当日納品」の仕組みを導入したのは一九九五年。それまでは週に一度の発注で、店舗は常に七—十日分の在庫を抱えていた。現在は五分の一に低減。店舗に在庫用の倉庫スペースがほとんどいらなくなり、出店費用も三—四割削減できた。当日発注をこなすためには少量生産できる設備が必要になる。同社はこれを内製。例えば大型炊飯器は廃棄して家庭用の炊飯ジャー約四十台で代替し、最小で十八食分から作れるようにした。かんばん方式にならって、店舗の在庫という無駄を減らすために、発注システムから工場設備、店舗設計まで見直し、コスト削減効果の最大化を図ったわけだ。

トヨタ自動車出身の平野幸久社長を迎え、総事業費を当初計画より一千億円以上削減した海上空港の中部国際空港（愛知県常滑市沖）。資材調達ではインターネットによる入札を活用したほか、独自に調べた資材価格を入札に反映。最低価格で応札した業者とも再交渉し、さらにコスト削減の可能性を探る。

埋め立ての手順も工夫した。約四百七十ヘクタールの敷地を十五に区分けし、ターミナルビル建設など優先順位の高い方から順に埋め立てた。

成田、関西空港に次ぐ三番目の国際空港となる同空港は、二〇〇五年三月から始まる愛知万博（二〇〇五年日本国際博覧会）に間に合うことが至上命題。トヨタの豊田章一郎名誉会長が博覧会協会会長を務めており、名古屋経済界あげて支援するプロジェクトだ。建設当初は漁業交渉が難航し、スケジュールが危ぶまれたが、結局着工からわずか四年半で完工。開港が二〇〇五年三月に一カ月ほど前倒しされる見通しにまでなった。地形条件が異なるとはいえ、関西国際空港が予定より一年長い七年半を要したのに比べると、工期の短さは驚異的だ。従来の公共工事の手法にとらわれず、現実に即したトヨタ流の効率のよい方法を貫いたことが奏功した。

大手ゼネコンの熊谷組も、下請け工事会社との間で、原価低減努力で得た利益を折半する新しい契約方式を導入した。無駄の排除のためには長年の慣行や組織にも思い切ってメスを入れるのがトヨタ流だ。

トヨタ生産方式を他業種に広める活動を展開しているエム・アイ・ピー（東京・中央）の山下正孝社長は「手法をまねるだけではトヨタにはなれない」とくぎを刺す。中には単なる在庫減らしや現場の改善提案活動をもって「トヨタ流」と称する例も少なくない。カイゼンの意識を持つ社員が次から次へと現れるような「人づくり」を通じ、組織風土そのものを変えることが本質だというのだ。高コスト批判をかわすため、形式的に「トヨタ流」を取り入れたように見せる自治体や企業の動きへの警鐘でもある。

生産工学に詳しい畑村洋太郎工学院大学教授も「現実から目をそらさず、最悪の状況を想定して対策を立てられるのがトヨタの強さ。それは各企業が自ら考えるしかない」と自助努力の大切さを指摘している。

トヨタ出身者が官民を問わず、トップに招かれる例が増えたのは、この二―三年のこと。日本郵政公社の高橋俊裕副総裁（元常務）は二〇〇三年春に就任。トーメンの副社長もつとめた仁司泰正氏は東京都が設立する新銀行の代表執行役に就く見通しだ。トヨタの経営の図抜けた強さが注目の的になっているからだろう。政府や地方自治体からも人材派遣要請が相次ぎ、企業でもトヨタに学ぼうとする機運が広がる。

図表8-4●経済界で活躍する主なトヨタ出身者（敬称略）

氏名（年齢）		会社・団体と役職	就任時期	トヨタ時代の役職
仁司泰正	(36)	新銀行東京（仮称）代表執行役	2004年度	副部長、前トーメン副社長
井上輝一	(67)	りそなホールディングス社外取締役	2003年6月	常務
高橋俊裕	(64)	日本郵政公社副総裁	2003年4月	常務
平野幸久	(65)	中部国際空港会社社長	1998年5月	取締役
豊田章一郎	(78)	日本国際博覧会協会会長	1997年10月	名誉会長（現職）

しかし、トヨタはお手本にされるだけでは満足しない。三河湾を望む愛知県蒲郡市の海洋リゾート。トヨタ自動車と中部電力、東海旅客鉄道（JR東海）と組んでこの風光明媚な地に二〇〇六年四月に開校するのが新設の「海陽中等教育学校」だ。元開成高校校長の伊豆山健夫・東大名誉教授を校長に招き、全寮制で中高一貫の教育を施す。

「暗記偏重は考える力を奪うだけ。このままでは世界に通用する人材が育たない」。実現に奔走する豊田章一郎名誉会長がこう訴えるように、トヨタが学校経営にまで乗り出す狙いは、二十一世紀の次代をになうリーダーを育てることにある。できるだけ自由な時間環境で、自分の頭でものを考え、行動できるスケールの大きな人材を育てることが目標。人を育てることが社会を豊かにし、ひいては企業をも潤す。数十年先を見据えたトヨタの深謀遠慮がそこにある。

執筆者紹介

デスク　広瀬真

記者　藤井達郎　篠原洋一　糟谷瑞樹　中山淳史　村上憲一　松岡克紀　田中昭彦　浅山章　下田
英一郎　森松博士　松井健　岡田信行　小谷洋司　加藤貴行　高橋誠

本書は一九九九年九月に日本経済新聞社から刊行された『トヨタ「奥田イズム」の挑戦』を、文庫化にあたって改題、加筆修正したものです。

日経ビジネス人文庫

奥田《おくだ》イズムがトヨタを変《か》えた

2004年5月1日 第1刷発行
2004年9月13日 第4刷

日本経済新聞社《にほんけいざいしんぶんしゃ》=編

発行者
小林俊太

発行所
日本経済新聞社
東京都千代田区大手町1-9-5 〒100-8066
電話(03)3270-0251 振替00130-7-555
http://www.nikkei.co.jp/

ブックデザイン
鈴木成一デザイン室

印刷・製本
凸版印刷

Printed in Japan ISBN4-532-19227-7
読後のご感想をホームページにお寄せください。
http://www.nikkei-bookdirect.com/kansou.html

“売る力”を2倍にする「戦略ガイド」

水口健次

「新製品を増やす会社は弱くなる」「安売りの魅力を超えろ」——。慣習と思いこみを捨て、“売れる会社”に生まれ変わる法を説く。

経営パワーの危機

三枝 匡

若き戦略型リーダーが倒産寸前の会社を成長企業に蘇らせる！ 実話に基づく迫真のケースで復活のマネジメントの真髄を実践解説。

社長になる人のための決算書の読み方

岩田康成

決算書はもとより、人や技術、ブランドなど非数値情報から分析する会社の実力。できるトップの「経営判断手法」が身に付きます。

できる社員は「やり過ごす」

高橋伸夫

「やり過ごし」「尻ぬぐい」の驚くべき効果を発見！ 独自の視点で日本型組織本来の強さを検証し、元気のない日本企業に声援を贈る。

社長になる人のための経理の本

岩田康成

会計がわからないトップに経営はできない！——財務諸表の基礎から経営分析の勘どころまでを、研修会方式でやさしく解説する。

経営革命大全

ジョセフ・ボイエット&
ジミー・ボイエット
金井壽宏=監訳

ドラッカー、ポーター、ハメルら79人の経営の「権威」の考えが、この1冊でわかる！ 経営学のエッセンスを凝縮した画期的ガイド。

ビジネス文書術

坂井 尚

挨拶状や交渉文書、詫び状、報告書、始末書、eメール作法まで、豊富な事例と間違いやすい点をあげながら、プロが手ほどき。

あなたの会社が壊れるとき

箭内 昇

企業が衰退する時は必ず中から腐敗する。長銀破綻の経験から、社員一人ひとりの普段の行動に潜む危機の予兆を指摘、警鐘を鳴らす。

ビジネスプロフェッショナル講座 MBAのマーケティング

ダラス・マーフィー
嶋口充輝=監訳

製品戦略から価格設定、流通チャネル構築、販売促進まで、多くの事例を交えマーケティングのエッセンスを解説する格好の入門書。

現場発 ニッポン空洞化を超えて

関 満博

日本のモノづくりが生き残るためには、地域ごとの技術集積とアジアとの連携が欠かせない。徹底した現場視点からの産業再生論。

ナンバーワン企業の法則

M・トレーシー＆
F・ウィアセーマ
大原 進=訳

マーケット・リーダーに共通する戦略は、3つの価値法則から1つを選びそれを強化すること。全米で話題の経営テキスト。

ビジネスプロフェッショナル講座 MBAの経営

バージニア・オブライエン
奥村昭博=監訳

リーダーシップ、人材マネジメント、会計・財務など、ビジネスに必要な知識をケーススタディで解説。忙しい人のための実践的テキスト。

日本をダメにする税金のカラクリ

平野拓也

所得税も法人税も相続税も、日本の税は世界最高水準だ。元大蔵省相談官の著者が、納税者の立場から我が国税制のまやかしを斬る。

タイヤキのしっぽはマーケットにくれてやる!

藤巻健史

世界にその名を轟かせたカリスマディーラーが明かす、「血と冷や汗と涙」の日々。ミスター・フジマキの本当の凄さがわかる。

ゲーム理論で勝つ経営

A・ブランデンバーガー&
B・ネイルバフ
嶋津祐一・東田啓作=訳

ゲーム理論の企業経営への応用の仕方をわかりやすく解説。ケーススタディをふんだんに入れ、実践に役立つ戦略を伝授する。

クルーグマン教授の経済入門

ポール・クルーグマン
山形浩生=訳

「経済のよしあしを決めるのは生産性、所得分配、失業」。米国経済を例に問題の根元を明快に解説。正しい政策を見抜く力を養う。

なんとか会社を変えてやろう

柴田昌治

問題を見えやすくする。感度の悪い上司をなんとかする。情報の流れ方と質を変える。──現場体験から成功の秘訣を説いた第2弾。

なぜ会社は変われないのか

柴田昌治

残業を重ねて社員は必死に働くのに、会社は赤字。上からは改革の掛け声ばかり。こんな会社を蘇らせた手法を迫真のドラマで描く。

キヤノン式

日本経済新聞社=編

欧米流の実力主義を徹底する一方、終身雇用を維持するなど異彩を放つキヤノン。その高収益の原動力を徹底取材したノンフィクション。

企画がスラスラ湧いてくるアイデアマラソン発想法

樋口健夫

思いついたことをすぐに記録することにより、発想力の足腰を鍛えるアイデアマラソン。優れた企画を生み出すための実践法を紹介。

マンガでわかる良い店悪い店の法則

馬渕哲・南條恵

店員がさぼると客は来ないが、やる気を出すともっと来ない。店員と客の動きと心理から、繁盛店、衰退店の分かれ目が見えてくる。

ここから会社は変わり始めた

柴田昌治=編著

組織の変革は何から仕掛け、どうキーマンを動かせばいいのか。事例から処方箋を提供する風土改革シリーズの実践ノウハウ編。

奥田イズムがトヨタを変えた

日本経済新聞社=編

あの時奥田氏が社長にならなかったら、今のトヨタはなかった。奥田社長時代を中心に最強企業として君臨し続ける秘密に迫る。

冒険投資家 ジム・ロジャーズ 世界バイク紀行

ジム・ロジャーズ
林 康史・林 則行=訳

ウォール街の伝説の投資家が、バイクで世界六大陸を旅する大冒険! 投資のチャンスはどこにあるのか。鋭い視点と洞察力で分析する。

異色ルポ 中国・繁栄の裏側

村山 宏

発展する沿海部と、停滞し貧困にあえぐ内陸部。中国の超大国化を妨げる矛盾の実像を、地を這うような緻密な取材で伝える異色ルポ。

ディズニーランド物語

有馬哲夫

日本人による初の本格的なディズニーランド通史。創業者とそれを取り巻く人たちのドラマを通して「夢の王国」の人気の秘密に迫る。

イヤならやめろ!

堀場雅夫

おもしろおかしく仕事をしよう。頑張っても仕事が面白くない時は、会社と決別する時だ。元祖学生ベンチャーが語る経営術・仕事術。

人生を楽しむ イタリア式仕事術

小林 元

食、そして高級ブランド――イタリアはなぜ日本人を魅了し続けるのか。長年のビジネス経験から見えてきたイタリア人の本当の素顔。

ビール15年戦争

永井 隆

ドライ戦争以降、熾烈なシェア争いを繰り広げる4社。その営業・開発現場で戦う男(女)たちの熱いドラマを描ききった力作ルポ。

ゴルフを以って人を観ん

夏坂 健

ゴルフ・エッセイストとして名高い著者が、各界のゴルフ好き36人とラウンドしながら引き出した唸らせる話、笑える話、恐い話。

人生後半を面白く働くための本

小川俊一

「会社」にすがることなく、自らの技術を生かして面白い「仕事」を始めよう——人生後半戦に挑むサラリーマンのための実践ノウハウ。

世間を読み、人間を読む

阿部謹也

碩学の歴史家が、読書を通して自らの生きる世間の構造を解き明かし、自らの中に流れる歴史をつかみ取る「知のノウハウ」の真髄を語る。

敗因の研究[決定版]

日本経済新聞運動部=編

敗者は愚者か？　数々の名勝負の陰の主役に肉薄、その再起をかける心の内にまで迫った異色のスポーツ・ノンフィクション33編。

動きのクセでわかるできる上司できない上司

馬渕哲・南條恵

人間の動作のクセを13に分類、分析。その特徴から、あなたの上司、部下、同僚の人柄が理解できる。愉快なイラスト満載の一冊。

ゴルフの達人

夏坂 健

ゴルフというゲームはきわめて人間的なものである——様々なエピソードを通してその魅力を浮き彫りにする味わい深い連作エッセイ。

養老孟司 アタマとココロの正体

日経サイエンス=編

脳はどこまで解明されたのか？養老教授と最先端科学者との対談第二弾。「学問は極端に走った方が面白い」など養老節も絶好調。

うちの上司はなぜ言うこととやることが違うのか

齊藤 勇

どんな会社にも言行不一致な上司がいるものだ。彼らの摩訶不思議な言動はどうして起きるのか、その心理メカニズムを解き明かす。

ビジネス版 これが英語で言えますか

ディビッド・A・セイン

「減収減益」「翌月払い」「著作権侵害」など、言えそうで言えない英語表現やビジネスでよく使われる慣用句をイラスト入りで紹介。

中部銀次郎 ゴルフの神髄

中部銀次郎

「技術を磨くことより心の内奥に深く問い続けることが大切」――。伝説のアマチュアゴルファーが遺した、珠玉のゴルフスピリット集。

宮里流 ゴルフ子育て法

宮里 優

「夢を持て、誇りを持て、努力せよ」。聖志、優作、藍――三人の子供たちをプロに育てた父親が自ら明らかにした感動の教育論。

あなたともっと話したかった

柏木哲夫

自分や親族が余命を宣告されたなら――。人生最期を納得して迎えるにはどうすればいいか、ホスピス・ケアの第一人者が語りかける。

人間はこんなものを食べてきた

小泉武夫

人類の誕生から現在にいたるまで、人間は何を食べてきたのか。お馴染み小泉武夫先生と辿る、おもしろ食文化史！

数学はこんなに面白い

岡部恒治

ユニークな問題を取り上げながら、数学的思考法の面白さをわかりやすく解説。数学は頭の訓練にもなり、あなたの発想も豊かに!

歴史からの発想

堺屋太一

超高度成長期「戦国時代」を題材に、「進歩と発展」の後に来る「停滞と拘束」からいかに脱するかを示唆した堺屋史観の傑作。

経済学殺人事件

マーシャル・ジェボンズ
青木榮一=訳

物語を読み進むうちに、限界効用から情報の経済学までの基本的考え方が身に付くように工夫されたアカデミック・ミステリー。

ライバル
小説・流通再編の罠

安土 敏

陰謀渦巻く提携劇を実話に基づき展開。ライバルとの出世競争や妻のガン闘病を通じ、主人公が葛藤しながらも成長する姿を描く。

中部銀次郎 ゴルフの心

杉山通敬

「敗因はすべて自分にあり、勝因はすべて他者にある」「余計なことは言わない、しない、考えない」。中部流「心」のレッスン書。

電車で覚える ビジネス英文作成術

藤沢晃治

ベストセラー『「分かりやすい表現」の技術』の手法を使って、英文表現力はもちろん、英会話力や日本語の文章力まで身に付くお得な1冊。

電車で覚える 頻出ビジネス英単語

鶴岡公幸
スティーブン・クレッグホーン

ビジネスの現場で良く使われる実践的で最先端の英単語約800語を厳選。ビジネスシーンですぐに役立つ単語力がラクラク身につく！

読むだけでさらに 10打縮まる ゴルフ集中術

市村操一

理想ショットの刷り込み、呼吸法による集中力強化術、古武道を応用した素振り練習法—など、「心のゲーム」を制する技術を紹介。

騎士たちの一番ホール

夏坂 健

「ゴルファーとは、打つ前に自分のハンディの数だけモノを考える不思議な生き物である」。有名人の名言とともに綴るゴルフエッセイ集。